わかりやすい防衛テクノロジー

F-35とステルス

井上孝司　著
Koji Inoue

イカロス出版

JN073073

最新鋭ステルス戦闘機
F-35A ライトニングⅡ

　まさに「戦うコンピュータ」という言葉が似合う、本家・第5世代戦闘機。飛行機としての運動能力ではF-22ラプター（→11ページ）に見劣りする部分もあるが、センサー能力、ネットワーク能力、そして情報処理能力の相乗という点では世界の最先端を走る。陸・海・空など多様な戦闘空間を一元的にネットワーク化して連携させる、マルチドメイン戦の要石になり得る存在。アメリカのみならず多数の同盟国でも導入が決まっており、ベストセラーの座は約束されたようなもの。

Atsu Tayake

Toshiharu Suzusaki

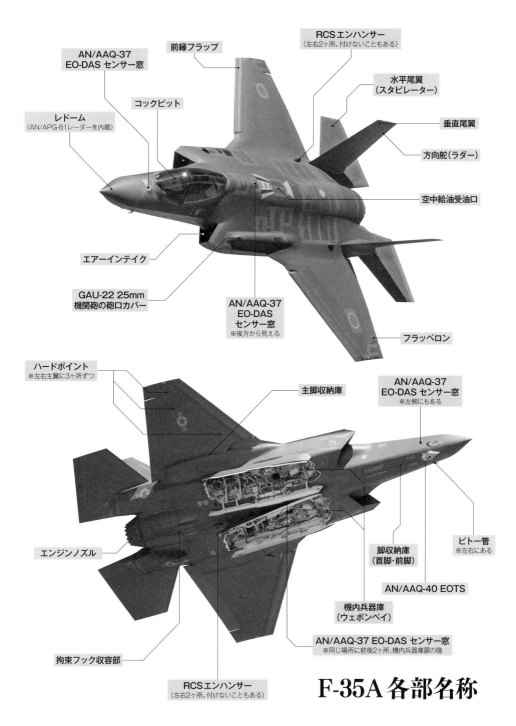

AN/AAQ-37
EO-DAS センサー窓

前縁フラップ

RCS エンハンサー
（左右2ヶ所。付けないこともある）

コックピット

水平尾翼
（スタビレーター）

レドーム
（AN/APG-81レーダーを内蔵）

垂直尾翼

方向舵（ラダー）

空中給油受油口

エアーインテイク

GAU-22 25mm
機関砲の砲口カバー

AN/AAQ-37
EO-DAS
センサー窓
※後方から見える

フラッペロン

ハードポイント
※左右主翼に3ヶ所ずつ

主脚収納庫

AN/AAQ-37
EO-DAS センサー窓
※左側にもある

エンジンノズル

脚収納庫
（首脚・前脚）

ピトー管
※左右にある

AN/AAQ-40 EOTS

機内兵器庫
（ウェポンベイ）

拘束フック収容部

AN/AAQ-37 EO-DAS センサー窓
※同じ場所に前後2ヶ所、機内兵器庫扉の陰

RCS エンハンサー
（左右2ヶ所。付けないこともある）

F-35A 各部名称

Koji Inoue

USAF

最前線の知覚中枢
F-35の操縦室

　F-35の真髄が明瞭に現れるのは、実は外観ではなくコックピット。パイロットの正面に設けられた大画面のタッチスクリーン式ディスプレイには、機体の状態だけでなく、敵・味方に関する最新情報が表示される。それに加えて、パイロットが被るヘルメットのバイザーには、昼夜を問わない全周の映像が現れる。これは未来ではなく現実。

F-35Aと同等の規模しか持たない機体に、さらに垂直着陸を可能とするための追加のメカを押し込んだ、世界で唯一の「垂直離着陸と超音速飛行が可能なステルス戦闘機」。ただし実際の運用では、短距離離陸・垂直着陸を常用する。追加のメカを押し込んだ分だけ、燃料や武装の搭載量は控えめ。米海兵隊に加えて、英海空軍、伊海空軍、シンガポール空軍、そして航空自衛隊でも導入する。

巨大な扇風機を内蔵する
垂直離着陸タイプ F-35B

US Navy

US Navy

空母で運用する翼の大きな
艦上機タイプ F-35C

F-35Aとほぼ同等の能力を維持しつつ、空母での発着艦を可能としたモデル。米海軍が待ち望んでいた空母搭載ステルス戦闘機は、当初の思惑から30年近く遅れてやって来た。登場が遅くなった代わりに、米海軍の空母航空団は、いきなり最先端の機体を手に入れることになった。現時点で米海軍しか採用していない。

Lockheed Martin

最初のステルス"戦闘機" F-117ナイトホーク

米空軍が送り出した、史上初の実用ステルス軍用機。実戦における実績で、「これからはステルス性がなければ生き残れない」という認識を定着させたという意味で、軍用機の歴史に名を残す機体といえる。ただし、戦闘機を示す「F」を制式名称にいただくものの、実質的には対地攻撃機。重要目標に一発必中の誘導爆弾を放り込むのが、この機体の真髄だ。

Northrop Grumman

巨大全翼ステルス爆撃機
B-2スピリット

　米空軍における核戦力・三本柱のひとつ。ノースロップ社の創設者、ジャック・ノースロップが抱いて、そして一度は潰えたかに見えた「全翼機」の夢。それが「ステルス性の高い爆撃機を実現するには全翼機が最善」という、予想外の追い風によって現実となった。ただし、冷戦崩壊という逆風に見舞われて生産数は少量に留まった。今後、後継となる爆撃機B-21レイダーが、またも全翼機として登場する。

いまだ無敵のステルス戦闘機
F-22ラプター

　元祖・第5世代戦闘機。超音速巡航、推力偏向ノズル付きのエンジンによる高い機動性、対レーダー・ステルスなど、「戦闘機乗りの夢」を詰め込んだような機体。ただし、センサーやネットワーク、情報処理の能力ではF-35の方が上を行く。米議会が課した制約により対外輸出が認められず、米空軍でしか使用できない箱入り娘でもある。

USAF

ATLA

Impression of concept aircraft

ステルスの鍵をにぎる
電磁波のひろがりと探知に使用する波長域

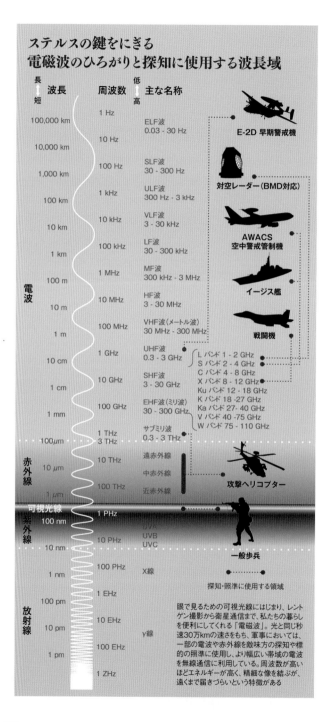

波長 長／短	周波数 低／高	主な名称	
100,000 km	1 Hz		
	10 Hz	ELF波 0.03 - 30 Hz	E-2D 早期警戒機
10,000 km			
1,000 km	100 Hz	SLF波 30 - 300 Hz	対空レーダー（BMD対応）
100 km	1 kHz	ULF波 300 Hz - 3 kHz	
10 km	10 kHz	VLF波 3 - 30 kHz	
1 km	100 kHz	LF波 30 - 300 kHz	AWACS 空中警戒管制機
100 m	1 MHz	MF波 300 kHz - 3 MHz	
10 m	10 MHz	HF波 3 - 30 MHz	イージス艦
1 m	100 MHz	VHF波（メートル波）30 MHz - 300 MHz	戦闘機
10 cm	1 GHz	UHF波 0.3 - 3 GHz	L バンド 1 - 2 GHz S バンド 2 - 4 GHz
1 cm	10 GHz	SHF波 3 - 30 GHz	C バンド 4 - 8 GHz X バンド 8 - 12 GHz Ku バンド 12 - 18 GHz
1 mm	100 GHz	EHF波（ミリ波）30 - 300 GHz	K バンド 18 -27 GHz Ka バンド 27- 40 GHz V バンド 40 -75 GHz W バンド 75 - 110 GHz
100 µm	1 THz 3 THz	サブミリ波 0.3 - 3 THz	
10 µm	10 THz	遠赤外線	攻撃ヘリコプター
1 µm	100 THz	中赤外線 近赤外線	
100 nm	1 PHz	可視光線	
10 nm	10 PHz	紫外線 UVA UVB UVC	一般歩兵
1 nm	100 PHz	X線	
100 pm	1 EHz		探知・照準に使用する領域
10 pm	10 EHz	γ線	
1 pm	100 EHz		
	1 ZHz		

電波 / 赤外線 / 可視光線 / 紫外線 / 放射線

眼で見るための可視光線にはじまり、レント
ゲン撮影から衛星通信まで、私たちの暮らし
を便利にしてくれる「電磁波」。光と同じ秒
速30万kmの速さをもち、軍事においては、
一部の電波や赤外線を敵味方の探知や標
的の照準に使用し、より幅広い帯域の電波
を無線通信に利用している。周波数が高い
ほどエネルギーが高く、精細な像を結ぶが、
遠くまで届きづらいという特徴がある

2035年に向けて3ヶ国で開発中
次期戦闘機

　本来、我が国が独力で最新世代の戦闘機を生み出したかったのであろうが、紆余曲折を経て、イギリス・イタリアと組んでの共同開発という方針が決まったところ。各国でそれぞれ要素技術は開発してきているが、それをどうとりまとめて、どんな戦闘機を造り、それをどのように活用して、どのように航空戦に勝つつもりなのか。関係者の力量が問われるのはこれからである。

遥か遠くを見張る空中の眼
E-2D アドバンスト・ホークアイ

　ステルス機がニンジャとして活躍するためには、状況を俯瞰して、どこに味方がいるか、どこに敵がいるかを教えてくれる「神の眼」が欠かせない。それを務めるピースのひとつがE-2Dのような早期警戒機だが、この機体は単なる「空飛ぶレーダー」にとどまらない。戦闘機だけでなく海軍の空母や水上戦闘艦とも連携して、攻守両方で「外部の眼」を務めてくれる機体でもある。

US Navy

ズムウォルト級、フリーダム級、インディペンデンス級

ズムウォルト級ミサイル駆逐艦（DDG）、フリーダム級およびインディペンデンス級沿海域戦闘艦（LCS）は、アメリカ海軍のステルス艦。かたや「未来の水上戦闘艦」に求められそうな要素を大盛り詰め合わせにした駆逐艦。かたや「これからは沿岸戦だよ」との掛け声を受け

て生み出された、俊足・軽武装・多用途の暴れん坊。どちらにも共通する要素はステルス設計だが、これは生残性の高さが求められたため。ところが、開発に難航したり周囲の情勢が変わったりしたせいで、米海軍の戦力計画の中で生き残ることは困難になってしまった。

※艦名は左上から右下へ順に
フリーダム級LCS「デトロイト」
インディペンデンス級LCS「チャールストン」
ズムウォルト級DDG「ズムウォルト」
ズムウォルト級DDG「マイケル・モンスール」

JMSDF

日本のステルス艦
もがみ型護衛艦

　経済性と省力化を重視するととも
に、これまでの護衛艦にはなかった、
機雷の敷設・掃討という新任務を加
えた、従来の「護衛艦」の固定観念を
吹き飛ばす新形艦。従来の護衛艦か
らさらに深度化したステルス設計だ
けでなく、電測兵装の統合マスト化な
ど、(あくまで日本のフネとしては、だ
が)新機軸がてんこ盛りという点も特
徴的。今後の課題は、このフネをい
かにして育てて、有効な戦力としてい
くか。

JMSDF

はじめに

　コンピュータや情報通信技術（ICTまたはIT）は、身近なところでも、さまざまな分野に関わるようになった。それが利便性につながったり、以前なら実現不可能と思われていた機能をもたらしたりしている。この傾向は、軍事の分野も例外ではない。特に情報通信分野では、民間と同じ製品・規格・技術が軍用システムで使われる事例が増加している。

　そうした「軍事における情報通信技術の今」を、軍事分野に詳しくない方にも知ってもらうため、筆者は、ネットニュース媒体「マイナビニュース」で2013年から『軍事とIT』という連載を続けている。そして今回、《わかりやすい防衛テクノロジー》シリーズとして、これを書籍化する運びとなった。

　元の連載では、さまざまなテーマを選んでは関連する話題を取り上げ、何回かに分けて執筆する、という形をとっている。その中から手始めに、「F-35とステルス技術」という切り口で、関連記事をピックアップした。ただし、単純に連載記事を抽出して並べ直すのではなく、最新の情報に合わせたアップデートや、全体の話の流れを考慮しての新規加筆、といった手を入れた。

　本シリーズが、軍事分野におけるコンピュータや情報通信技術の関わり、その重要性を知っていただくお役に立てば幸いだ。

2023年3月　井上孝司

目次
INDEX

第4部 次期戦闘機とソフトウェア

第5部 艦艇とステルス技術

USAF

第1部
F-35ライトニングⅡ

「ステルス stealth」(その中でも対レーダー・ステルス)という言葉が
一般に知られるようになったきっかけは、1990年に米国防総省が、
F-117ナイトホークの存在を明らかにしたことにある。
その対レーダー・ステルス技術に、さまざまな機体関連技術、
センサー技術、情報通信技術を掛け合わせることで、新しい世代の戦闘機ができあがった。
それがF-35ライトニングⅡである。
まずは分かりやすい「つかみ」の話題ということで、
F-35がどんな機体なのかをさらっておこう。

※1：ウェポン・システム
各種の武器の中でも、特に複数の構成要素を組み合わせて「システム」となっているものを指す言葉。海・空ではたいていの武器が該当する。

※2：F-X
「次期戦闘機計画」として、しばしば使われる略語。FはFighterの頭文字、機種は未決定あるいはまだ存在しないものなので「X」をあてる。複数の「次期戦闘機計画」があると、後ろに数字をつけて区別することがある。

※3：コックピット・シミュレータ
飛行機の操縦席と同じものを造り、操縦装置、計器の動きやディスプレイの表示、前方の映像だけを再現できるようにしたもの。操縦席自体は固定式で動かないので「飛行の再現」にはならないが、「機体が持つ戦闘機能の再現」はできる。

F-35ライトニングⅡはなにがすごいのか

「人手に頼る手作業」から「機械化」、そして「コンピュータ制御化」へと変化してきた事例はたくさんある。それは、軍事、あるいはそこで用いられるウェポン・システム[1]やその他の各種システムにおいても同じである。

日本におけるF-35は、航空自衛隊が運用していた戦闘機F-4ファントムⅡの後継機（F-X[2]）として採用を決めた機体だ。このF-35にはどんな特徴があるのか、といったところから話を始めよう。

┃タッチスクリーン付きの大画面ディスプレイ

まずは、以下の写真を御覧いただこう。これは、F-Xの機種選定プロセスが大詰めにさしかかった2011年10月に、ロッキード・マーティン社が都内某所に持ち込んで報道関係者向けに公開した、F-35のコックピット・シミュレータ[3]である。

Toshiharu Suzusaki

2011年10月に報道公開されたF-35のコックピット・シミュレータ。モーション機能はないが、操縦桿や各種のパネル・スイッチ類は実機と同様に動作する

※4：局限
一部の範囲に限定するという意味。

　かつては、航空機のコックピットというと、各種の丸形計器がズラリと並んだ光景が一般的だった。しかし最近では、ブラウン管や液晶ディスプレイにコンピュータ・グラフィック表示を行う、いわゆるグラスコックピットが一般的になっている。それをさらに推し進めたのがF-35のコックピットで、タッチスクリーン式液晶ディスプレイを横に2面並べており、全体サイズは19.6インチ×8インチ（498mm×203mm）となっている。

　このコックピット・シミュレータを使った記者説明会が行われた後のマスコミ報道では、タッチスクリーンに重点が置かれていたようだが、実はF-35における進化の本質はそこではない。

ステルス機の戦いは「先制発見・先制攻撃」

　すでによく知られているように、F-35はステルス性を備えた戦闘機である。ステルス性とはレーダーに映りにくいという意味で、軍事業界の用語では「低観測性」（LO：Low Observability）という。それを実現するために、レーダー電波の反射方向を局限[※4]するような形状を取り入れたり、ミサイルなどの搭載兵装を外付けにしないで機内兵器倉に収容したり、レーダー電波を反射しにくくする表面コーティングを施したりしている。

　ただしあらゆる場面でまったくレーダー探知が不可能というわけではないので、「見えない戦闘機」という形容はあまり正しくない。それでも、たとえば航空自衛隊で現用中のF-15イーグルあたりと比べれば、レーダー探知が困難になっていることは間違いない。

　では、レーダー探知が困難ということは、F-35の戦い方にどういった影響をもたらすだろうか。そこで登場するキーワードが、「先制発見・先制攻撃」である。

　レーダーで探知するのが難しい機体は、それだけ、気付かれずに敵に接近できることになる。先制発見というのは相対的な概念だから、こちらが探知能力を高めることとは直結しない。こちらの探知能力が同じでも、敵の探知能力を妨げることができれば、相対的に先制発見を実現できる。ステルス技術はそのための手法である、という見方もできる。

※5：視界範囲内
人間の目で見える範囲という意味で用いている。

※6：近接格闘戦
いわゆるドッグファイト。目視で敵機を捜索・発見して、敵機の背後に回り込むように機体を操り、ミサイルや機関砲で交戦する。

記者説明会の席に置いてあった、「日の丸F-35」の模型。ステルス機の公式に則った外形の持ち主である

　ただし、視界範囲内※5まで接近してしまえば目視される危険性が高くなる。だから、目視可能な範囲まで接近する前にケリをつける方が望ましい。そこで、F-35は長射程のレーダー誘導空対空ミサイルを主兵装としている。これが「先制攻撃」の手段である。

　ありていにいえば、F-35のようなステルス戦闘機は"ニンジャ"である。真正面から堂々と乗り込んでいってチャンバラを仕掛けるのではなく、敵に気付かれずに死角から忍び寄り、長射程の空対空ミサイルを撃ち込む。敵が襲われていることに気付くのは、空対空ミサイルが命中したときか、あるいは（もし搭載していれば）ミサイル接近警報装置が金切り声で警報を発したとき、ということになる。

　もちろん、状況次第では視界範囲内まで接近してしまう場面、あるいは忍び寄られてしまう場面も起こり得る。だから、F-35が近接格闘戦※6のことをまったく考えていないわけではないのだが、できれば避けたい形である、とはいえる。

先制発見・先制攻撃を支える「状況認識能力」

　先制発見・先制攻撃を実現するには、自らは身を隠しつつ、敵を捜索・探知する能力が必要である。詳しいことは、順次取り上げていくが、そこで出てくるキーワードが「状況認識」（SA：Situation Awareness）である。

　状況認識とは何か。それは、彼我の勢力や位置関係などに関する情報をできるだけ正確に収集・把握して、パイロットが最善の戦術を組み立てられるようにすること。敵機がどこに何機いて、機種は何なのかが分かっているのと、五里霧中の状態に置かれているのとでは、

パイロットにとっての戦いやすさには雲泥の差がある。

そしてF-35では、自機が搭載するレーダーだけでなく、外部のセンサー、たとえば味方の早期警戒機[7]や地上・艦上のレーダーなどの外部センサーによる探知情報も取り込んで利用する。センサーごとに別々のディスプレイがあるのでは状況の把握が大変だが、F-35は例の大画面ディスプレイに、さまざまなセンサーからの情報を融合・重畳[8]して表示するので、パイロットはひとつの画面を見るだけで全体状況を把握できる。

また、パイロットの周辺視界を確保するために、ノースロップ・グラマン社製のAN/AAQ-37　EO-DAS（Electro-Optical Distributed Aperture System）という仕掛けを備える。これは、機体の各所に取り付けたセンサーから得た映像を融合して、パイロットのヘルメットに組み込んだディスプレイ（HMD[9]：Helmet Mounted Display）に表示するメカ。

センサーは機体の全周をカバーするように配置しているので、たとえば自機の床下を透過して地上の状況を見る、なんていう冗談みたいなことまで可能になる。このEO-DASの映像を表示するためのHMDが開発難航の一因になったのだが、解決の目処がついたのは幸いであった。

※7：早期警戒機
空飛ぶレーダー基地。捜索レーダーを航空機に載せて高空を飛行させることで、地上に設置するよりも広い範囲をカバーできるようにしたもの。

※8：融合・重畳
融合とは、複数のものを混ぜて一体にするという意味。重畳とは字義通り、重ね合わせるという意味。複数枚の透明フィルムにそれぞれ異なる画を描いて、重ね合わせて1枚にする様を考えてみて欲しい。

※9：HMD
パイロットが被るヘルメットにディスプレイ装置を組み込んだもの。表示用のガラスを独立して設ける場合と、強い光線を防ぐために備えているバイザーが表示装置を兼ねるものがある。どちらにしても、さらに映像を投影するプロジェクターが必要。

操縦席に座り、ヘルメットをかぶるF-35パイロット。大きなバイザーには様々な情報とともに周辺の赤外線映像を表示できる

F-35ライトニングⅡのソフトウェア

F-35に限らず、現代のウェポン・システムでは、ソフトウェア制御の比重が高くなっている。昔ならハードウェアでさまざまな機能を作り

※10：コード
コンピュータに動きを指示するプログラムを、プログラム言語で記述したもの。

※11：バグ
コンピュータ、中でもソフトウェアの不具合を指す言葉。本来の意味は「虫」だが、コンピュータに昆虫が入り込んで不具合を引き起こしたのが言葉の由来とされる。ただしコンピュータの出現より前から、電気製品の不具合を指す言葉としても使われていたようだ。

※12：GAO
アメリカにおいて、国費が適切に使われているかどうかを監督する組織。日本でいう会計監査院に相当するが、GAOは米議会の付属機関というところが大きな違い。国費を支出するための立法措置を議会が行う仕組みなので、監督も議会の付属機関が受け持つ形になる。

込んでいたから、必然的にメカニカルな制御になったが、それがコンピュータ制御に置き換われば、必然的にソフトウェアで動きを指示することになる。ということで、そのF-35のソフトウェア開発に関する話に入ろう。

ソフトウェアの規模がべらぼうに大きいF-35

「コンピュータ、ソフトなければただの箱」なんてことをいうが、それはウェポン・システムの場合でも同様である。しかも、実際に開発に携わった経験がある方なら分かるかもしれないが、コード[10]を書くだけでなく、それをテストするために必要な手間と時間の負担が大きい。

ソフトウェアのテストで何が大変かといえば、通り一遍の、設計仕様通りの使い方をする場面だけでなく、そこから外れた場面についてもテストする必要がある点だ。そして、そういうところでトンでもないバグ[11]が出ることがある。

ちなみにF-35の場合、機体そのものだけでなく、それを支援する地上側のシステムでも、さまざまなソフトウェアを必要とする。その機上・地上をひっくるめたシステム全体のソフトウェアの規模が、従来の戦闘機と比べると、べらぼうに大きい。

どれくらい大規模なのかというと、米議会の付属機関・GAO[12]（Government Accountability Office。政府説明責任局）がまとめた報告書で、ソースコードの行数について「1,900万行」とか「2,200万行」とかいう数字が出てきているぐらい。絶対的な数字として見れば「なるほど巨大だ」と思うが、某社のルータ製品で使用しているソフトウェアの規模も、ソースコードの行数だけ見れば、実は似たようなものであるらしい。

ウェポン・システムのソフトウェア

その巨大なソフトウェアを一気にすべて作成・テストするのは負担が大きすぎるので、F-35では段階的な開発を行ってきた。まず「機体を飛ばすためのソフトウェア」を作り、次に「基本的な戦闘機能を

実現するソフトウェア」を追加する。この段階では使用できる兵装の種類を限定して、空対空戦闘と、一部の空対地兵装の利用を可能にする。

そして最終版のソフトウェアで、当初に計画していた兵装や任務・すべてに対応することとした。だから、初期版のソフトウェアでも飛行試験はできるし、機能限定版のソフトウェアでも、対応している機能に限れば試験や訓練に供することはできる。

F-35をめぐる報道で「ブロック2がどうのこうの」とか「ブロック3がどうのこうの」という言葉が出てくるのは、基本的には、このソフトウェアのバージョンに関わる話である。ちなみに、ブロック3で最後というわけではなく、今後も継続的にソフトウェアを更新して、能力向上や兵装の追加を進めていくことになっている。

パソコンやスマートフォンのソフトウェアと同じで、毎年のように新しいソフトウェアがリリースされることになっても不思議はない。だから、F-35に「最終完成型」というものは存在せず、引退するまでバージョンアップが続くことになるのではないか。

どのみち、完成した機体の引き渡しを受けて、それですぐに実戦部隊を編成できるわけではない。まず、運用評価試験や要員の錬成を行わなければ、部隊建設もままならない。ここのところを見落として、「機体が完成すれば直ちに実戦配備可能」と思い違いをしている人が少なくないようだが。

そういう事情があるから、まずは「航空機としての機能を実現するソフトウェア」や「基本的な任務遂行に必要なソフトウェア」を優先的に開発した。第一、すべてのソフトウェアが完成するのを待っていたら、開発試験も運用評価試験も部隊建設も遅れてしまう。

ソフトウェアは記述もテストも大変

問題は、そのソフトウェアを記述して、さらにテストする方法である。ちなみに、F-22ラプターのソフトウェアはAda言語[13]で記述していたが、F-35のソフトウェアは驚くなかれ、民間分野でも馴染み深いC++言語[14]で記述する。軍用のシステムだから軍用の言語で、という先入観は過去のものだ。

　2,000万行になんなんとするソフトウェアともなると、開発に携わる技術者の数も膨大なものになる。また、開発・運用が長期に渉るから、担当者が途中で交代することが前提となる。そこで、最初に「ソフトウェア開発者向けのガイドライン」なる文書を配布した。これを見ると、可読性の高さに対する配慮であるとか、コードの内容を理解しやすいようにきちんとコメントを入れるよう求めるとかいった具合に、ビッグ・プロジェクトを切り回すために神経を使っている様子が分かる。

JOINT STRIKE FIGHTER

AIR VEHICLE

C++ CODING STANDARDS

FOR THE SYSTEM DEVELOPMENT AND DEMONSTRATION PROGRAM

Document Number 2RDU00001 Rev C

December 2005

Copyright 2005 by Lockheed Martin Corporation.

DISTRIBUTION STATEMENT A: Approved for public release; distribution is unlimited.

『JOINT STRIKE FIGHTER AIR VEHICLE C++ CODING STANDARDS FOR THE SYSTEM DEVELOPMENT AND DEMONSTRATION PROGRAM』（JSF航空機システム開発と実証プログラムのためのC++コード記述標準）と題する文書の表紙。配布制限のない公開文書で、筆者が秘密文書を盗み出してきたわけではない。全141ページに及ぶ

　そして、そのソフトウェアをテストするのに、検証途上のソフトウェアをいきなり実機に載せてテストするのはリスクが大きい。そこで、CATBird（キャットバード、Cooperative Avionics Test Bed）という専用の試験機を用意した。この機体はボーイング737旅客機を改造して作ったもので、F-35の実機が搭載するものと同じコンピュータや各種センサーを搭載しており、特にセンサーの配置については実機と同じ位置関係になるようにしている。そうでないとテストにならない。

F-35の搭載システム試験に使用するテストベッド機「CATbird」。登録記号「N35LX」を持つ民間登録機材だ

　ただし、CATBirdの飛行そのものは、母体となったボーイング737の機能をそのまま使っている。だから、試験対象となるミッション・システム、あるいはそこで使用するソフトウェアに不具合が出ても、機

体が墜ちることはない。これなら安心してテストできる。そして、検証と熟成が進んだら、その新しいソフトウェアをF-35の実機にインストールして評価試験に供するわけだ。

近年、こういう風に既存の機体を改造したテストベッド[※15]を用いて、センサーやコンピュータといったミッション・システム、あるいはそこで使用するソフトウェアの開発・試験を進める事例が増えている。ミッション・システムの開発や試験には長い時間と手間がかかるので、先行して作業を進めるために、こういう手法が不可欠になっている。

※15：テストベッド
直訳すると「実験台」。軍用機の分野では、新開発するエンジンや電子機器などを既存の機体に載せて、飛行試験に供するための機体を指すことが多い。

F-35ライトニングⅡの操縦システム

F-35のキモはミッション・システムだが、やはり「航空機」であるから、航空機としての部分についても取り上げる。F-35の操縦システムもまた、コンピュータ制御でなければ実現不可能な話なのだ。

垂直離着陸が可能なタイプ、F-35B

2023年現在、日本で導入を進めているF-35Aは、普通に滑走路を使って離着陸するタイプだ。ところが、基本的に同じ機体やシステムを共用しつつ、空母発着艦が可能なF-35C（米海軍向け）と、垂直離着陸が可能なF-35B（米海兵隊向け）を同時並行開発しているのが、F-35計画の特徴だ。

このうち注目したいのがF-35Bだ。F-35Bは垂直離着陸を可能にするために、エンジンから前方に伸びたシャフトで駆動するリフトファンをコックピットのすぐ後ろに設けており、垂直離着陸時に上下の扉を開いて作動させる。それと併せてエンジンの排気ノズルを下に曲げることで、機体を支えるための推力を生み出している。このリフトファンと下向きのエンジン排気が、機体を支える基本の力となる。

リフトファンは直径50インチ（1.27m）の二段式ファンを持ち、エンジンの低圧タービンを使って駆動する。駆動力は29,000馬力。エンジン前方に引き出された回転軸とリフトファンの間にクラッチが組み込

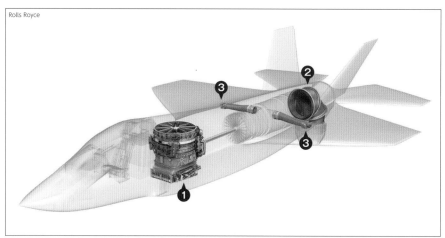

Rolls Royce

F-35Bのキモである、リフトファン❶と推力偏向ノズル❷とロールポスト❸は、こんな配置

　まれており、通常飛行時はクラッチを切った状態になっている。

　それに加えて、左右の主翼下面・主脚収納部扉の外側に、ロールポストと呼ばれる仕掛けがある。これはエンジンからの抽気を下向きに噴射するノズルで、噴射量を機体の姿勢に合わせて加減することで、機体の姿勢を適正に保ったり、左右の傾きを制御したりする。

　東京ビッグサイトで「国際航空宇宙展2016」が開催された際に、F-35の実大模型が屋外展示された。その横にあったエンジンが、F-35B用F135-PW-600エンジンの実大模型だった。後ろの方の排気管の途中に、斜めの継目が2ヶ所あるのがお分かりいただけるだろうか。これを3BSM（3-Bearing Swivel Module）という。

Koji Inoue

国際航空宇宙展2016で屋外展示されていた、F-35B用のF135-PW-600エンジン実大模型。左が排気側で、ノズルの手前に2ヶ所、斜めの継目がある

　実は、この継目がミソで、これを使って排気管の向きを変えられるようになっている。言葉で説明するのは難しいが、「3BSM」をキー

ワードにして動画検索してみて欲しい。

　ただし、エンジンとリフトファンが発揮できる推力の合計が、機体の重量を上回ると垂直離着陸ができない。具体的な数字を出すと、リフトファンの推力が約20,000ポンド（9,080kg）、エンジンの推力が約18,000ポンドあまり（8,172kg）、2基のロールポストがそれぞれ約1,950ポンド（885kg）の推力を発揮する。合計すると約42,000ポンド（19,068kg）の推力だから、機体をこれより軽くしないと支えきれない。

　そのため、垂直離陸しようとすると、兵装や燃料の搭載量に制約が加わってしまって具合が悪い。こうした事情から、通常は短距離滑走離陸と垂直着陸の組み合わせで運用する。滑走離陸を行えば、主翼の揚力が加わる分だけ離陸重量を大きくできるし、任務飛行を終えて戻ってきたときには兵装も燃料も消費して軽くなっているから、垂直着陸が可能になる。

ホバリング中のF-35B。リフトファンの上下にある扉が開いている様子が分かる。エンジンの排気ノズルも下を向いているが、左右で下向きに開いたカバーに隠れているため、この写真では見えない

F-35Bの操縦システム

　問題は、その短距離離陸や垂直着陸の際の操縦だ。普通の航空機は以下のように3種類の操縦翼面を持ち、これらの動きを組み合わせることで上昇・降下・旋回を行っている。

●補助翼：エルロン。主翼後縁部に取り付けてあり、前後軸を中心とする左右方向の傾き（ロール）を制御する。操縦桿を左右に動かして動きを指示する。

●昇降舵：エレベータ。水平尾翼に取り付けたり、あるいは水平尾翼そのものを動かしたりして、左右軸を中心とする機首の上げ下げ（ピッチ）を制御する。操縦桿を前後に動かして動作を指示する。

●方向舵：ラダー。垂直尾翼に取り付けたり、あるいは垂直尾翼そのものを動かしたりして、上下軸を中心とする左右方向の向き（ヨー）を制御する。左右のペダルを踏んで動作を指示する。

普通の航空機の操縦翼面。❶がロールを制御する補助翼（エルロン）、❷が機首の上げ下げを制御する昇降舵（エレベータ）、❸が機首を左右に向ける方向舵（ラダー）。ちなみに❹は文中に登場しない高揚力装置（フラップ）で、F-35AとF-35Bではエルロンとフラップを1枚にした「フラッペロン」を採用している

　ところがF-35Bでは、さらにリフトファンを動かしたり止めたり、排気ノズルの向きを変えたりといった操作まで加わる。パイロットの手と脚は2本ずつしかなく、それらは操縦桿、エンジン推力を制御するスロットルレバー、そして左右のラダーペダルでふさがっている。そこからさらに、別のレバーでリフトファンや排気ノズルの向きを変えるのでは、忙しくて大変だ。訓練が大変になるし、操作ミスによる事故の危険性も出てくる。

┃フライ・バイ・ワイヤとコンピュータ制御

　最近の航空機では、フライ・バイ・ワイヤ（FBW：Fly-by-Wire）という操縦システムが主流になっていることを、ご存知の方もいるだろう。操縦桿やラダーペダルを使って直に操縦翼面を動かすのではなく、操縦桿やラダーペダルの操作を飛行制御コンピュータへの入力として、そこから飛行制御コンピュータが操縦翼面に、電気信号で動作の指示を出す方法だ。

　こうすると、空力的に不安定な形状・配置の航空機を安定して飛ばしたり、危険領域に入らないように無茶な操縦操作を自動的にカットしたり、ボタン操作ひとつで水平直線飛行に復帰させたり、といったことが可能になる。F-35も御多分に漏れず、FBWを使用している。

　F-35Bの場合、そのFBWがさらに、排気ノズルやリフトファンの動作まで面倒をみている。だから、パイロットは「えーと、操縦翼面の向

きがこうなっているのを、こう変更して、さらに排気ノズルの向きをこうして……」などと、いちいち考えながら操縦する必要がない。操縦桿やスロットル・レバーを使って「機体のあるべき飛び方」を指示するだけで、後は飛行制御コンピュータが自動的に、関連する操縦翼面の向き、リフトファンの作動/不作動、排気ノズルの向き、エンジン出力を制御してくれる。

　計器盤を見ると、降着装置の上げ下げを指示するレバーの上部に、飛行モード切替のボタンがある。これを押すとSTOVL（Short Take-Off and Vertical Landing）[16]モードに切り替わり、リフトファンが作動するとともに、エンジンのノズルも下を向く。

　通常飛行時は、操縦桿は前に押すと下降、後ろに引くと上昇を指示するが、STOVLモードでは前に押すと前進、後ろに引くと後進、という意味に変わる。スロットルレバーは、通常飛行時はエンジン推力の増減を指示するだけだが、STOVLモードではレバーを引いて出力を下げる指示を行うと、自動制御によって着陸する（手動操作も可能）。

　ちなみにF-35Bの短距離離陸は面白くて、リフトファンを作動させてエンジンの排気ノズルを斜め下方に向けるだけでなく、昇降舵（正確には、水平尾翼全体が動くものでスタビレーターという）の向きが普通と逆になる。

　普通、滑走離陸の際には昇降舵やスタビレーターが前下がりになり、下向きの力を発生させる。それが機首を上に向ける方向に働くわけだ。ところがF-35Bの滑走離陸では、スタビレーターが前上がりになっている。すると上向きの力を発生させることになって機首が下がってしまいそうだが、そんなことはない。

※16：STOVL
短距離離陸・垂直着陸の意。F-35Bやハリアーが一般的に行う飛行形態。

写真左は通常モードで離陸するF-35B。排気ノズルは後ろを向いており、（角度が少なくて分かりにくいが）水平尾翼は前下がりになる。写真右は短距離滑走離陸するF-35B。コックピット直後ではリフトファン上下の扉が開いており、エンジンの排気ノズルも斜め下に向けている。通常の航空機の離陸とは逆に、前上がりになった水平尾翼に注目

推測だが、これも揚力を増やすための動作ではないだろうか。前方にはリフトファンがあるが、それにスタビレーターを加勢させれば、さらに揚力が増える。しかし、リフトファンの揚力とスタビレーターの揚力の間で適切にバランスをとるには、リフトファンとスタビレーターの作動角を統合制御しなければならず、そうなると飛行制御コンピュータの出番である。

スタビレーターを前上がりの向きに作動させるには、離陸の際に操縦桿を引かずに前方に押さなければならない。ところが、それではパイロットが受けてきた訓練の内容とは真逆であり「そんなことをしたら地面に突っ込んでしまう」と思われそうだ。しかも、この操作が必要なのは短距離離着陸のときだけで、通常モードの離着陸ではスタビレーターを普通の向きに動かす必要がある。モードによって操縦桿を押したり引いたりするのは混乱の元だ。

そこで、F-35Bでは短距離離着陸モードに切り替えると、飛行制御コンピュータが自動的に動作内容を変えて、スタビレーターを前上がりの向きに作動させる。そうすれば、パイロットはモードに関係なく、離陸の際には操縦桿を引けばよい。こんな器用な仕掛けは、飛行制御コンピュータが介在していなければ実用にならない。

また、普通に固定翼機として飛んでいるときでも、操縦が楽になれば機体の操縦に神経を使わなくてもよくなる。すると、その分だけ戦術を組み立てたり武器やセンサーを使ったりする方に頭を使う余裕ができる。どちらも、飛行制御コンピュータがあればこそ、である。

こういう調子だから、FBWのソフトウェア開発は重要な仕事であり、かつ、飛行試験に入る前に入念なテストを行っておく必要がある。実際、F-35ではないが、FBW関連のトラブルで墜落事故を起こした戦闘機はある。

短距離離陸・垂直着陸を安全に

航空自衛隊向けF-35A初号機のロールアウト式典を取材するために、筆者は2016年9月に、テキサス州フォートワースにあるロッキード・マーティンの工場を訪れた。式典の前日にあたる9月22日に、工

場の組立現場などを見学するメディアツアーが行われた。その際、試験飛行中のF-35Bが空中停止する場面を見る機会もあった。

強襲揚陸艦から運用するためのSTOVL

F-35BがF-35AやF-35Cと違うのは、先にも述べたように、STOVL、つまり「短距離滑走離陸・垂直着陸」を行うところ。

普通の固定翼機は、主翼が発生する揚力に頼って浮揚する。だから、ある程度の速力に達しないと離陸できない。それには相応の滑走距離が必要になるし、滑走距離を確保できない空母ではカタパルト※17で強制的に加速させている。ところが海兵隊が運用するF-35Bでは、カタパルトがない場所でも短距離滑走で離陸できるようにしたい、という運用要求がある。カタパルトがない強襲揚陸艦※18の艦上などから滑走離艦するためだ。

着艦の方は、空母だとワイヤーにひっかけて強制的に止める装置があるが、強襲揚陸艦にはそれがない。だから、垂直着陸が必要になる。滑走して降りようとしても、車輪のブレーキだけに頼ると止まりきれないし、滑走するための場所をとる問題もある。そこで、垂直着陸能力が要求されることとなった。

航行中の強襲揚陸艦「アメリカ」。F-35B 1機が飛行甲板に垂直着艦しようとしてる

遷移飛行という難題

では、実際の操縦操作はどうなるか。

離陸ではまず、前述したように、計器盤に設けられたボタンでSTOVLモードに切り替える。これにより、エンジンの排気ノズルを後

※19：遷移飛行
水平飛行から垂直着陸に、あるいは垂直離陸から水平飛行に移り変わる過程のこと。F-35Bやハリアーのような垂直離着陸機で用いられる言葉で、ヘリコプターでは使用しない。

ろ斜め下方に向けるとともに、リフトファンを作動させる。その状態で、エンジンを全開にしてブレーキを解除すると、滑走が始まる。主翼が充分な揚力を生み出す速度に至っていなくても、エンジンの排気とリフトファンの力によって機体は浮揚する。

浮揚して充分な速度まで加速しつつ、ノズルの向きを真後ろに変えていく。また、リフトファンのクラッチを外して回転を止めるとともに、リフトファンの上下にある扉を閉める。

では、着陸や空中停止（ホバリング）はどうするか。このとき、水平飛行から遷移飛行※19を行うという厄介な問題がある。つまり、徐々に速度を落としながら進入しつつ、エンジンの排気ノズルを下方に向けるとともに、リフトファンの上下にある扉を開けて、さらにクラッチをつないでリフトファンを回転させる。主翼が揚力を発生できなくなる速度、すなわち失速速度まで減速した時点でエンジンとリフトファンによる浮揚力が機体の重量を上回る状態にしておかないと、墜落してしまう。

F-35Bによって置き換えられることになったAV-8BハリアーIIの場合、エンジンの排気ノズルが胴体左右側面の4ヶ所に付いていて、それの向きを手作業で変えるとともに、スロットル・レバーで推力を加減している。そちらの方が操作はシンプルだが、ノズルの向きの制御、推力の制御、その他の操縦操作の調和がとれていないと、バランスを崩してしまう。

写真左はAV-8Bの胴体右側面を後方から見たところ。2個あるノズルは、手前がタービン側、奥がファン側のノズル。ノズルの上げ下げはコックピットの左側にあるレバーを操作して行う。写真右はスペイン空軍ハリアーのSTOVL飛行で、ノズルが下に向いている

STOVLを実現するメカの複雑さではF-35Bの方が上をいくので、その分だけ動きはややこしい（ハリアーIIには扉の開け閉めなんて操作はない）。ところがF-35Bでは、垂直着陸や短距離離陸に関わる操作をすべて飛行制御コンピュータが引き受けてくれるので、前述したように、F-35Bの方が操縦は簡単にできる。操縦が簡単になれ

ば、STOVLを行う際の事故を減らす効果を期待できる。それは結果としてパイロットの人命を救い、国家資産の減耗を減らすことにつながるので、税金の有効活用になる。

ソフトウェアの開発と飛行諸元の制限

先に、「F-35はソフトウェアが鍵」という話を書いた。ミッション・システム用ソフトウェア、つまりレーダーをはじめとするセンサー群や、それらから得た情報を処理するコンピュータだけでなく、機体そのものの制御もソフトウェアに依存しているのは、すでに述べた通りだ。

何をするにもソフトウェア

機体側だけでも以下に示すように、さまざまなソフトウェアが必要になる。

●飛行制御コンピュータのソフトウェア：操縦操作を司る。パイロットの入力に応じて適切に舵面をコントロールする。

●エンジン制御用のソフトウェア：いわゆるFADEC（Full Authority Digital Electronic Control）[20]。クルマと同様、航空機のエンジンも電子制御化されているので、当然ながらソフトウェアが必要になる。開発が難しい分野のひとつ。

●電子戦装置のソフトウェア：敵が使用するレーダーの電波を傍受・解析するとともに、使い物にならなくなるように妨害をするためのもの。いわゆるECM（Electronic Countermeasures）。

●電子戦対策用のソフトウェア：逆に、敵が仕掛けてくる妨害を突破するためのECM対策、すなわちECCM（Electronic Counter Countermeasures）にもソフトウェアが必要になる。ECCMの機能は電子戦装置ではなく、敵が妨害のターゲットにするレーダーや通信機器に組み込む。ちなみに、ECCMへの対抗策という話も出てくるだろうが、ECCCMとはいわない。

●通信システムのソフトウェア：CNI（Communication, Navigation and Identification）。通信、航法[21]、識別システムのこと。F-35

※20：FADEC
ジェット・エンジンの燃料噴射などを完全デジタル化してコンピュータ制御するもの。

※21：航法
現在位置を知り、そこから目的地に向けてどのように針路をとれば良いかを判断・決定する行為のこと。

●F-35の主な開発ブロック

F-35の頭脳であるミッション・ソフトウェアは、「ブロック○」という名前で区分がなされている。

ブロック0.1
基本的な機体管理の機能のみを実装。

ブロック0.5
訓練・試験支援機能を追加。

ブロック1A
限定的ながらセンサー機器の動作が可能になった。

ブロック1B
米空軍向けの試験評価用で、EOTSが使用可能になった。兵装のシミュレーション機能やレーダーモードの追加により、シミュレーション戦闘訓練が可能になった。

ブロック2A
EO-DAS用のセンサーが6基すべて動作する。レーダーに気象レーダーモードが加わった。

ブロック2B
限定的な戦闘任務を可能にしたバージョン。兵装、センサー、データリンク、データ融合の機能が、制限付きながらひととおり動作する。米海兵隊F-35BがIOC（初度作戦能力）を達成。

ブロック3i
ブロック3の初期バージョンで、機能的にはブロック2Bと同等。ただし対応するコンピュータがTR2に変わった。米空軍F-35AがIOCを達成。

ブロック3F
さしあたっての完成版。当初に予定した機能をすべて実装して、飛行領域も計画通りとする。米海軍のF-35はこのバージョンでIOCを達成。開発や試験の段階によって細かな区分が存在する。

ブロック4
現在進行中の「継続能力開発・導入フェーズ」の試験・評価で使用しているバージョン。TR2プロセッサに載せて使用する「ブロック4、30シリーズ」、新たなTR3プロセッサに載せる「ブロック4、40シリーズ」がある。開発や試験の段階によって細かな区分が存在する。

のCNIシステムはソフトウェア無線機（SDR：Software Defined Radio）を使用するから、これまたソフトウェアを記述しないと仕事にならない。

●ディスプレイ装置のソフトウェア：厳密にいうとミッション・システム用ソフトウェアの一部だが、コックピットに設置してあるタッチスクリーン式ディスプレイ、あるいはヘルメットに取り付けるディスプレイ装置（HMD）の動作を司るためのソフトウェア。

●情報処理用のソフトウェア：レーダーをはじめとする各種センサー、それと外部からデータ通信を通じて受け取る敵機の所在などに関するデータを融合処理して、ディスプレイに表示したり、危険範囲を割り出したり、などの処理を行うソフトウェア。これがまともに機能しないと、F-35のキモである状況認識能力が画餅と化す。

そんなこんなで、機体側で使用する各種ソフトウェアのソースコードだけで総数800万行という仕儀になる。これに、地上側で使用する各種システムのソフトウェアの分が加わる。こういった膨大な量のソフトウェアを開発するとともに、テストして熟成を進めていくだけでも、途方もない仕事になるのは容易に理解できる話だろう。

機体側のソフトウェアと飛行制御の関係

このうち、機体側で使用するソフトウェアについては、「ブロック」という区分を設けて段階的に開発を進めてきた。それを大別すると、「ブロック1A」「ブロック1B」「ブロック2A」「ブロック2B」「ブロック3i」「ブロック3F」「ブロック4」の7種類がある。この辺がメジャーバージョンで、さらに細かいマイナーバージョンがいろいろある。

このソフトウェアのブロックの違いは、機能的な違いだけでなく、機体の飛行性能にも影響している。

戦闘機について回る用語のひとつに「荷重制限」（Gリミット）がある。Gとは重力加速度のことで、地上で普通に過ごしているときにかかるのは1G。ところが戦闘機が機動飛行を実施すると、その何倍もの荷重がかかる。現代の戦闘機ではおおむね、7G~9G程度が上限になっている。もちろん、荷重制限値が高い戦闘機は、それだけ機体を頑丈に作らなければならない。荷重制限値を越える機動飛行を行

えば、パイロットの身体がついて行けないし、機体構造にも悪い影響がある。

　ところが、F-35みたいなフライ・バイ・ワイヤ（FBW）を使っている航空機は、パイロットの操縦操作に飛行制御コンピュータが「待った」をかけることができる。つまり、操縦桿（F-35の場合、サイドスティックだが機能的には同じ）をめいっぱい引き続けて急反転しようとしたときに、飛行制御コンピュータが「これを真に受けて飛ばしたらオーバーGになる」と判断したら、自動的に反転を緩めたり、限界で止めたり、といったコントロールを行える。

　コンピュータ制御の面白いところで、ソフトウェアの設定を変更すれば、Gリミットを変えることができる。その際にハードウェアを取り替える必要はない。だから、機体やソフトウェアの開発が進んでいないうちはGリミットを抑えておいて、開発が完了して最終版になったら仕様上限までGリミットを引き上げる、なんていうことが可能になった。また、派生型によってGリミットを使い分けることもできる。

　米空軍向けのF-35A（航空自衛隊向けもこの型だ）はGリミットが9Gになっているが、STOVL型のF-35Bは7G、空母搭載型のF-35Cは7.5G、と違いがある。もっともF-35CはF-35A/Bより主翼が大きい（つまり機体構造が違う）ので、まるっきり同じ機体でGリミットだけ違うわけではない。

　なお、国やメーカーによっては思想の違いがあり、普段は仕様通りのGリミットを越え

USAF

F-35A試作4号機が高迎角試験を実施中の写真。ただし、静止画だと何をしているのかよく分からないのが惜しい

ないようにしていても、緊急回避時のように生死がかかっている場面に限り、特定の操作を行うと緊急避難的にオーバーGを許容する、という設計になっている機体もある。

　荷重制限以外の、たとえば迎角[22]（AoA：Angle of Attack）を

※22：迎角
飛行機が進む方向と、機体の前後軸線がなす角度のこと。進行方向と比べて機首が上を向くことがある、そうなると迎角はゼロではなくなる。

はじめとする飛行諸元についても事情は同じ。現在、機体がどういう姿勢・速度・荷重条件下で飛んでいるかは飛行制御コンピュータが常に把握しているから、許容範囲内に収めるようにする制御も飛行制御コンピュータが司れるわけだ。したがって、迎角を大きくし過ぎて失速する、なんていう事態も、オーバーGと同様に飛行制御コンピュータの介入によって回避できる理屈となる。

ブロックとTR

ハードウェアが同じでも、ソフトウェアをバージョンアップすれば機能が増えたり、バグが直ったりする。これはパソコンでもスマートフォンでもF-35でも同様だが、プロセッサの処理能力やメモリ容量などといった制約要因もある。そこでF-35の場合、ソフトウェアがブロック単位で新しくなるだけでなく、中核となるコンピュータ（ICP：Integrated Core Processor）も、順次、新しくなっている。

最初に使用していたのはTR1（Technical Refresh 1）で、ブロック1からブロック2Bまでが該当する。TR1用のブロック2Bソフトウェアを、新しいTR2というICPに載せ替えた機体（と、そこで使用するソフトウェア）をブロック3iと呼ぶ。だから、ブロック2Bとブロック3iは機能的には同じである。現時点で最新版のブロック3Fも、同じTR2で動作している。

次がブロック4だが、これは本来、新しいTR3というICPの上で動作する。しかしTR3の完成を待っていたら開発も試験も滞ってしまうから、まずTR2を使ってブロック4ソフトウェアの開発を進めている。そしてTR3が完成したら、そちらに載せ替えて、真の意味でのブロック4仕様機が完成することになる。

高精度の仕事が求められるステルス機の製作

「飛ばす」話の次は「機体を作る」話。ステルスというのは航空機にしろ艦艇にしろ、「設計するだけでなく、それを製作するのがひと苦労」という部分がある。

※23：F-117ナイトホーク
初の実用ステルス戦闘機。ただ
し事実上、対地攻撃の専任だっ
た。いったんは退役したが、最
近、一部が現役に戻っている模
様。ロッキード（当時）製。

ネジ三本で！

　もうずいぶんと昔の話だが、ロッキード社（当時）がF-117A[23]を製作して飛ばすようになった後で、突如として「レーダーに大きく映ってしまうぞ！」という騒ぎが持ち上がった。そこでいろいろ調べてみたら「ちゃんと締め付けられていなかったビスが三本あり、頭の部分が機体の表面に突出していた」のだそうである。

　つまり、ほんのちょっとしたことでレーダー反射が一挙に増えてしまうという話になる。ステルス性を持たせたモノを製作するには、高い工作精度が不可欠であり、それがなければ狙い通りのモノは作れないという話である。

　しかも、航空機にしろ艦艇にしろ、ノッペラボーの外板で済むわけではない。内部に設けた機器を点検するために開閉式のアクセスパネルを設ける必要があるし、内部に出入りするためには開閉式のハッチや扉が必要だ。兵装を発射するときにも、機内兵器倉の扉を開閉する必要がある。

F-35の胴体側面。アクセスパネルや機内兵器倉の扉、主脚収納室扉など、いろいろ開口部がある様子が分かる

　つまり「開口部」と「パネルや扉やハッチ」といったものが必要になるわけで、そこでは当然ながら継ぎ目ができる。その継ぎ目部分に不必要に大きな隙間、あるいは凸凹ができると、それがレーダー反射源になってしまってステルス性を損ねる。

　ところが困ったことに、航空機でも艦艇でも材料の多くは金属である。金属は温度変化によって伸び縮みが発生する。つまり、製作の過程で温度変化による伸び縮みがあれば、寸法が合わない部分が出てきてしまう。そしてもちろん、工作上の誤差・公差という問題もついて回る。

おまけに航空機の場合、補助翼、昇降舵、方向舵などといった操縦翼面は動く（動かなければ仕事にならない）。操縦翼面と機体の間には継目ができるから、そこもなにかしら手を打たないとレーダー電波の反射源になる。

ギザギザでステルス化

ステルス機だけでなく、非ステルス機として設計した機体に後からレーダー電波の反射抑制策を講じた場合にもしばしば見られるのが、ギザギザの輪郭。開口部の扉、あるいはアクセスパネルを単純な形状にしないで、ギザギザの形状にする。これは、レーダー電波の反射抑制を企図したもの。非ステルス機におけるわかりやすい適用事例としては、F/A-18E/Fスーパーホーネットの主脚収納室扉がある。

四角や三角といったシンプルな形状のパネルでも、寸法をきちっと合わせて、閉じたときに段差のない面一の状態とするのは、高い精度が要求される難しい仕事だ。ギザギザの形状にすれば、なおのこと、複雑な作業が求められる。F/A-18E/Fスーパーホーネットの主

離陸直後に横転するスーパーホーネット。まだ開いている主脚収納室扉の、前後に設けられたギザギザが見て取れる

脚収納室扉にしても、F-22やF-35の機内兵器倉扉にしても、閉まった状態だときれいに面一になっていて、境界線すらはっきり分からないのだから、大したものだ。

ましてやF-35の主脚収容室扉になると、場所が主翼の付け根で主翼下面と胴体にまたがっているだけに、平面ではなく三次曲面になっている。それを設計通りの寸法・形状で作って、閉まったときにはきれいに凸凹をなくしているのだから、おそれいる。

▎高精度の製作が必要

つまり、「ステルス性を備えた形状のモノを設計する」だけでは話は終わらず、製作・組み立ての過程で高精度の仕事を行わなければ、ステルス性を備えた製品はできない。実際、F-35では量産の初期段階で製作工程に関わるトラブルが何件か発生したが、その多くはステルス性に関わる部分で生じたものだという。非ステルス機なら問題ない話であっても、ステルス機では問題になる可能性があるわけだ。

だから、個別に製作した機体構造材を接合するところではレーザーによる精確な位置決めを行っている。製作や組み立てを担当する工場では温度管理も問題になりそうだ。製作する現場と取付・接合を行う現場の温度が大きく異なれば、寸法が合わなくなる可能性がある。

ちなみに、F-35の前部胴体と主翼の製作、それと最終組立を行っているテキサス州フォートワースの空軍プラントNo.4は、1942年に完成した当初から空調完備だそうである。実際に、そのプラントNo.4を訪れたときに印象的だったのは、「工場」という言葉とは裏腹に、静かで温度管理が行き届いた清潔な場所で、粛々と機体が作られている様子だった。

F-35ではなくB-2爆撃機の話だが、翼幅173ft(52.7m)の主翼を製作する過程で許容される誤差は1/4インチ、つまり6.4mm程度だったという。しかも、外板はグラファイトとチタンとアルミを重ね合わせたサンドイッチ構造。3種類の素材の寸法がきちっと合わなければならない。

USAF

フォートワースの工場で組み立てられているF-35A

※24：技術実証機
新技術を開発したときに、それを実機に盛り込んで、実際に飛ばしてテストする目的で製作する飛行機のこと。デモンストレーターともいう。

　これが一品モノの技術実証機※24や試作機だったら、比較的少人数の、熟練したエキスパートの手に委ねることで仕事の質を高められるかも知れない。しかし量産品になれば話は違う。

F-35を完成させるためのサプライチェーン網

　F-35の特徴は「国際プログラム」というところ。リスクと経費を分担するため、アメリカが音頭をとりつつも他国をパートナー国として参画させている。パートナー各国は経費を分担する一方で、製造分担という分け前を得る。

▌FACO施設は3ヶ所、生産参画は11ヶ国

　これを各国政府の立場から見ると、「自国のメーカーがF-35の生産に参画して利益をあげれば、それは結果として税金という形でいくらか政府に還ってくるし、自国の産業基盤維持にもつながる」という

理屈になる。だからこそ、国費を出して開発費を負担している。ただ
し、パートナー国になれば自動的に仕事が降ってくるわけではなく、
あくまでコストと納期と品質が要求を満たせれば、という条件付きで
はあるが。

　その結果、生産拠点はアメリカ、イギリス、オランダ、ノルウェー、デ
ンマーク、トルコ、イタリア、オーストラリア、カナダのパートナー9ヶ国、
それと後から加わったイスラエル、日本。合計11ヶ国に広がった。

　機体の製作では、まず前部胴体、中央部胴体、後部胴体、主翼、
尾翼といった主要コンポーネントを組み上げる。胴体にしろ主翼にし
ろ、内部に組み込む機器や配管の多くも、組み立ての過程で取り付
けてしまう。いわゆる先行艤装[25]である。

　これらを接合して「航空機の形」にした後で、先行艤装しなかった
搭載機器や、エンジン、キャノピーなどといったパーツを取り付ける艤
装工程がある。そして機体が完成すると、塗装や検査を行う。

※25：艤装
乗り物一般に用いられる言葉
で、がらんどうの車体・船体・機
体に、さまざまな機器・装備を取
り付けるプロセスのこと。

オーストラリア空軍向け
F-35Aの初号機で使用
する、中央部胴体。中央
部胴体は、ノースロップ・
グラマンがカリフォルニア
州パームデールの工場
で製造している

　この「接合」「艤装」「塗装」「検査」を行うのが、FACO（Final As-
sembly and Check-Out）、つまり「最終組立・検査」と呼ばれる施
設で、アメリカのテキサス州フォートワース（ロッキード・マーティン）、
日本の愛知県豊山町（三菱重工業）、そしてイタリアのカメリ（レオナ
ルド社）、合計3ヶ所にある。

F-35の機体構造は複数社で分担

　この機体、すべてフォートワースのロッキード・マーティンで製作し
ているわけではない。中央部胴体はカリフォルニア州パームデール
のノースロップ・グラマンで、後部胴体と尾翼はイギリスのBAEシス

※26：ライセンス生産
本来の開発・製造元とは異なる
メーカーに対して図面と関連情
報を渡して、そちらで機体を製作
すること。マクドネルダグラスの
F-15イーグルを三菱重工が製作
したケースが典型例。製作に際
しては技術指導も受ける。代わり
にライセンス料を支払う。

テムズ社で製作している。さらに尾翼まわりの部品はカナダやオースト
ラリアのメーカーが手掛けている。細々した部品になると、デンマー
クやノルウェーやオランダでも作っている。

　すると、オーストラリアで製作した部品がイギリスに運ばれて尾翼
を構成する一部となり、その尾翼がフォートワースに運ばれて、カリフ
ォルニアのパームデールで作られた中央部胴体、フォートワースで作
られた前部胴体や主翼と、きちっと合わなければならない。設計担
当者も、生産管理の担当者も、胃薬が欠かせないかも知れない。

　日本向けのF-35Aのうち、フォートワースで製作したのは1〜4号機
までで、5号機以降は日本国内のFACO施設で組み立てている。そ
こで使用する部材の生産分担は、基本的には前述の各社と同じだ。
なお、日本は後日にF-35Bの導入も決めたが、こちらはフォートワー
スで組み立てた機体の完成機輸入になるようだ。

機体を組み立てる作業
の現場。機体の外形に
合わせた作業台で囲われ
ているので、転落事故の
原因になりやすい隙間が
ない。F-35Cは主翼の
平面型が違うが、それに
合わせて開口部の形を
変えられる構造

　たぶん、F-35の製作では「取り付けようとしたら寸法が合わなかっ
たので、その場で適当に直して合わせちゃいました」なんていうこと
はないだろうし、許容もされない。かつて日本で別の戦闘機をライセ
ンス生産[26]したときには、「米国メーカーから来た図面通りに作って
いたら合わなかったので、その場で適当に直しちゃいました」なんて
いう話があったらしいが。

部材の流れは複雑怪奇

　さて、こうなると機体を構成する部品の流れは複雑なものになる。
たとえば、カナダのマゼラン・エアロスペース社は尾翼の部品を製
作しているが、それはフォートワースではなくBAEシステムズに送ら

れて、他所で作られた部品と合わせて完成品の尾翼を構成する。

その尾翼や後部胴体が完成すると、それが先に挙げた3ヶ所のFACO施設に送られて、他所で作られた機体構造と接合される。中央部胴体みたいに2社で分担していた部位もあるので、さらに話はややこしくなる。ちなみに、なぜ過去形だったかというと、当初はトルコのTAI（Turkish Aerospace Industries）も担当していたが、トルコがF-35計画から追い出されたからだ。

ともあれ、1機のF-35が完成するまでには、さまざまなメーカーで作られた部品が単独で、あるいは組み上げられた形で、世界をあっちに行ったりこっちに行ったりする。そして最終的に、3ヶ所あるFACO施設のいずれかから、完成品の機体として出てくる。

そのFACO施設で行われているのは、混流生産[※27]である。もっとも、自動車メーカーでいうところの混流生産とは異なり、基本的には同じF-35だが、それでもモデルごとに異なる部分はある。

2016年9月にフォートワースのFACO施設を訪れた際には、いくつも並んだ接合設備にそれぞれ「イギリス向けのF-35B」「アメリカ空軍向けのF-35A」「アメリカ海軍向けのF-35C」「イスラエル向けのF-35I」「アメリカ海兵隊向けのF-35B」といった具合に、さまざまな仕向地に向かうさまざまなモデルが入り乱れていた。これは9段階に分かれた艤装工程も同じで、その中に日本向けの4号機（AX-4）も混ざっていた。

フォートワースで製作している主翼や胴体は、治具の上で形をなし始めた時点で、どの機体で使用するものかが決まっている。なぜ分かるかというと、タイプ・バージョンと呼ばれる識別ナンバーが掲出されているから。たとえば「AX-○」とあれば、「A」はF-35A、「X」は日本向けを意味する。「AF-111」と書かれた作りかけの主翼が治具に載っていれば、それは米空軍向けF-35Aの111機目で使うものだと分かる。（右表参照）

┃工程管理とサプライチェーン管理

ということは、個々の機体の完成予定日から逆算して、使用するパーツや搭載機器を何時までに製作してどこに納入するかを割り出

※27：混流生産
工場で何かを生産する際に、ひとつの生産ラインで異なる種類の製品を同時に扱うこと。製品によって、取り付ける機器・部品や手順が異なるので、同じ製品だけを扱うよりも話が複雑になる。

◉F-35のタイプ・バージョン

AA-	F-35A 製作工程検証用機
AF-	アメリカ空軍（F-35A）
BF-	アメリカ海兵隊（F-35B）
CF-	アメリカ海軍・海兵隊（F-35C）
AG-	F-35Aの地上試験用機
BG-	F-35Bの地上試験用機
CG-	F-35Cの地上試験用機
BH-	F-35Bの疲労試験用機
AJ-	F-35Aの疲労試験用機
CJ-	F-35Cの疲労試験用機
BK-	イギリス海・空軍（F-35B）
AL-	イタリア空軍（F-35A）
BL-	イタリア海・空軍（F-35B）
AM-	ノルウェー空軍（F-35A）
AN-	オランダ空軍（F-35A）
AP-	デンマーク空軍（F-35A）
AS-	イスラエル空軍（F-35I）
AT-	トルコ空軍（F-35A）
AU-	オーストラリア空軍（F-35A）
AW-	韓国空軍（F-35A）
AX-	航空自衛隊（F-35A）
BX-	航空自衛隊（F-35B）
A?-	ベルギー空軍（F-35A）
A?-	カナダ空軍（F-35A）
A?-	ポーランド空軍（F-35A）
A?-	シンガポール空軍（F-35B）
A?-	スイス空軍（F-35A）
A?-	フィンランド空軍（F-35A）
A?-	ドイツ空軍（F-35A）

※28：サプライチェーン
工場で何かを生産する際に、必要となる資材・部品・機器などを調達・製造・納入する一連の流れのこと。

し、製作にかかった時点で最終的な行先を決めていることになる。

　無論、それぞれのパーツや搭載機器が適切なタイミングで適切な場所に届かなければ、その後の工程が全部狂ってしまう。しかもFACO施設は3ヶ所あるから、イタリアや日本で組み立てる機体に取り付ける機器は、スケジュール通りにイタリアや日本に送らないといけない。

　さらにややこしいことに、日本のメーカーが製作する部品は、日本向けの機体にだけ組み込まれる。イスラエルのメーカーが製作する部品の中には、イスラエル向けの機体に「だけ」組み込まれるものもある。納入された同一種類の部品を一括プールして適宜ばらまく、というわけにもいかない。

　こうしてみると、1機のF-35が完成するまでには、その背後で複雑極まりない工程管理とサプライチェーン管理※28が動いていることがわかる。当然、個々の部材の流れを把握・可視化するための仕組みと、それを支える情報管理システムも動いているはずだ。

　ここではF-35を例に挙げたが、サプライチェーンがグローバル化しているのはボーイングやエアバスなどの旅客機も同じだ。航空機産業を動かしていくということは、単に航空機を設計するというだけの話ではない。工程管理とサプライチェーン管理をきちんと切り回していかなければ、航空機はできないのである。

F-35ライトニングIIの兵站支援

　次は、兵站、英語でいうとロジスティクス（logistics）の話である。日本ではなぜか、ロジスティクスを「物流」と訳すので、軍隊のロジスティクスも「補給物資を第一線に輸送すること」と、極めて狭義に解釈することが少なくないようだ。

　しかし実際には、軍隊におけるロジスティクスの概念はずっと幅が広い。短くまとめると、「第一線の戦闘部隊が任務を果たすために必要となる支援活動すべて」である。これを本稿のテーマであるF-35に当てはめれば、「F-35が飛んで、各種の任務を遂行できる体制を維持するための作業の総称」という話になる。

戦闘機の兵站支援業務

　戦闘機に限らずどんなヴィークルも、整備・点検が必要である。我々の手元にある乗用車では、6ヶ月ごとに点検を受けて、さらに2~3年ごとに車検を実施するようになっている。航空機でも艦艇でも軍用車輌でも鉄道車両でも、内容に差はあれ、やはり定期的な点検・整備を実施している。

　それは重要なことだが、本来の目的を見失ってはならない。つまり、点検・整備はヴィークルの可動率を維持するために行う行為、すなわち手段であって、点検・整備を行うこと自体が目的ではない。要は、できるだけリーズナブルな経費で、できるだけ高い可動率を維持することが重要なのである。不具合があれば直ちに対処しなければならないし、問題のないパーツやコンポーネントを「期限が来たから」というだけの理由で取り替えていたら不経済ということもあり得る。

　そこで近年、軍事の世界で増えているのがPBL（Performance-Based Logistics）という考え方。つまり、定期的な点検・整備と突発的な点検・整備を併せて「実際に発生した作業の人手・時間・部品代」について支払いを行うのではなく、「達成すべき可動率」等の目標値を設定して包括的な支払いを行う方式である。PBLでは、目標を超える成果を達成すれば報償金を出すし、目標を下回る成果にとどまれば報償は出ない。これを受注する側から見ると、経費の最小化や合理化を図る一方で成果を最大化する努力が、利益につながることになる。

　そこで問題になるのが、「達成すべき目標」の設定だ。PBLが目論見通りの効果を発揮するかどうかは、ひとえに、この目標設定の適切さにかかっているといえよう。

F-35を支えるPBL・ALGS・ALIS

　といったところで、本題のF-35である。F-35は航空機そのものだけでなく、それを支援する各種の機材やシステムまでひっくるめて、ひとつのシステムを構成しているが、その中には当然ながら兵站支援に関するものも含んであり、ALGS（Autonomic Logistic Global

※**29：デポ**
倉庫、あるいは補給拠点を指す場合が多いが、航空機の大がかりな整備を行う拠点を指すこともある。

Sustainment）と称している。

"Global"という言葉を含んでいる点に注意したい。つまり、アメリカのみならず、日本も含めた世界のF-35カスタマーすべてを、単一の兵站支援体系の下でまとめて面倒見ましょう、ということである。

たとえば、個々のカスタマーが別々にスペアパーツなどを保管する代わりに、すべてのカスタマーがスペアパーツをプールすれば、無駄が減りそうである。ただし、必要とするところに迅速にスペアパーツを送り届けなければ可動率が下がってしまうので、在庫管理と輸送の体制作りが重要になる。

また、オーバーホールなどの大規模整備を行う場合、現在は個々のカスタマーが自前のデポ※29で、あるいはメーカーに送り返す形で実施している。ところが、F-35では地域別にデポを集約して、当該地域のすべてのカスタマーが保有する機体に対して、まとめて大規模整備を実施する体制に変わる。

これをカスタマーの立場から見れば、いちいち自国でデポを運営・維持する負担が減ることになる。そしてデポを運用する側からすれば、作業量を確保できるので貴重な人手が遊ぶ可能性が減る。カスタマーごとにデポを運用していたのでは、自国の機体だけ面倒を見ることになるので、機数が少ないカスタマーにとっては効率がよろしくない。デポを地域単位で集約することで、スケール・メリットを発揮する可能性につながる。

そして、機体の運用状況に関するデータをリアルタイムで収集・記録できるようにする。もしも故障が発生すれば、その情報も記録する。そうしたデータを帰還後の機体から読み出せば、迅速かつ確実な対応につながる可能性を期待できる。

さらに発展させて、飛行中の機体から「コンポーネントの故障」に関する情報をリアルタイムで受け取ることができれば、帰還したときにはすでに倉庫から代わりのコンポーネントの払い出しを受けて、フライトライン（駐機場で飛行機が並ぶ場所）に待機させておく、なんてことが可能になるかも知れない。

たとえば電子機器の場合、軍用機の電子機器は機能ごとに複数のLRU（Line Replaceable Unit）と呼ばれるボックスに分かれた構成になっているから、故障が発生したLRUを機体から外して、代わり

の完動品LRUを取り付ければ終了である。

　こうすれば、いちいちその場で故障原因の探求や修理を行うよりも、はるかに短いターンアラウンド・タイム（再発進までに要する時間）で済ませることができる。ターンアラウンド・タイムを局限することは、軍用機に限らず、否、軍用ヴィークルの世界に限らず、どんな業界でも重要なことである。

　もっとも、搭載機器の不具合対処だけ早くできても、燃料や弾薬の搭載は別に行う必要があるし、相応の時間がかかる。だから、燃料・弾薬を搭載している間に不具合対処ができればよい、という考え方も成り立ち得る。

　この「動作・運用状況の把握」や「世界規模の兵站支援システム」は、データの管理ややりとりを迅速かつ確実に行うものだから、まさに情報通信技術の精華といえるもの。もちろん、パーツやコンポーネントの在庫管理、あるいは配送業務に際しては、軍事兵站業務の世界ではすっかりおなじみになったRFID（Radio Frequency Identi-fication）[30]を活用することになるだろう。

※30：RFID
物流用語。品目などの情報を紙に書いて貼る代わりに、ICチップに書き込んでおいて、無線で読み出せるようにしたもの。バーコードよりも扱える情報が多く、多少離れた場所からでも読み出せる利点がある。

不思議の国のALIS

　その、F-35の兵站支援体制・ALGSを支える情報システムとして構想されたのが、ALIS（Autonomic Logistics Information System）だった。

ALISの仕事

　似たような頭文字略語が立て続けに出てきて分かりにくいかも知れないが、ALGSとは「F-35を対象とする兵站支援の枠組み」を指している。その兵站支援業務を司る情報システムの名前が、ALISである。ちなみに、関係者は字面そのままに「アリス」と呼んでいる。

　普通、戦闘機を飛ばすためには不動産として滑走路と駐機場と格納庫、道具立てとして工具類や支援器材・試験機材、そして消耗品として各種のスペアパーツや燃料・武器・弾薬が必要になる。その

ほか、パイロットが身につけるフライトスーツやヘルメットといった装具類も必要だが、その話はおいておくとして。

こういった品々はF-35の運用でも同様に必要となるが、従来の戦闘機とF-35が大きく違うのは、F-35はITインフラも用意しないと飛ばせない、というところだ。そのITインフラはALISのために必要となる。なにしろ、機体の運用状況管理も、スペアパーツに関する情報の入力や管理も、交換が必要になったパーツや搭載機器の請求・払い出しも、これみんなALISの仕事なのである。

さて、ALGSの下では、世界中のF-35カスタマーが、スペアパーツやその他の予備品をプールする。従来なら、同じ機種を使っていても整備・補給・予備品在庫は各国でバラバラに行っていたが、F-35では話が違う。そして、メーカーと官側がパートナーシップを組んで、メーカーはスペアパーツや搭載機器の製作・納入に責任を持ち、官側は納入されたスペアパーツや搭載機器の管理・配送に責任を持つ。

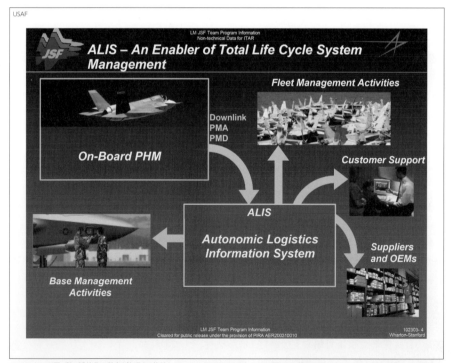

ALISのイメージ図。単に補給品の動向を管理する物流システムというわけではなくて、F-35が飛んで、戦えるようにするために必要な作業すべてを司る

それを世界規模でやろうというのだから、紙の上で仕事をしていたのでは間に合わないし、手間がかかりすぎる。当然、すべてのカスタマーをコンピュータ・ネットワークでつないで、コンピュータ上で情報管理を行わなければならない。それが、ALISが受け持つ重要な仕事である。

　また、機体、あるいは機体に搭載した機器の動作状況に関するデータを取ったり管理したりするには、機体と地上を結ぶ通信手段が必要になる。これもまたITインフラの一種といえる。

　ひょっとすると、急旋回の度が過ぎて荷重限界値を超える、いわゆるオーバーGが発生したら、機体だけでなくALISにも、しっかり記録が残ることになるかも知れない。飛行時間は維持管理の基本単位だから当然記録されるだろうが、激しい機動を行う戦闘機の場合、それだけでは済まないと思われる。

ALISを運用するには

　ということは、F-35を配備・運用する基地にはすべて、ALISを利用するためのコンピュータ・ネットワークと、そこに接続するクライアントPCが必要になるということである。

　常に母基地（ホームベース）にいて、そこから動きませんということなら、その基地に所要の通信回線とコンピュータ機器を設置すれば話は済む。しかし実際には、演習や訓練や実任務で別の基地に展開する場面が出てくるから、移動展開が可能な通信機材とコンピュータ機器がなければ仕事にならない。

　ことに米軍の場合、アメリカ本土とその周辺だけでは話が済まな

整備といっても工具だけあれば済む時代ではない。F-35の点検整備では情報システムが不可欠なものとなっている。だから整備の現場にもラップトップが持ち込まれる

い。ヨーロッパにも中東にもアジア太平洋地域にも展開するのだ。当然、展開先にもALIS用の通信機器とコンピュータ機器を連れて行くことになる。

米空軍では、ユタ州のヒル空軍基地で最初の実働部隊を編成する過程で、アイダホ州のマウンテンホーム空軍基地に出張訓練に出る機会をつくった。もちろん、マウンテンホームにいるF-15Eストライクイーグルと共同訓練を行う機会をつくる狙いもあったろうが、たぶんそれだけではない。つまり、母基地を離れて別の基地に展開して、その出先でALISを活用しながら機体を運用するプロセスが、問題なく機能するかどうかを確認する狙いもあったはずだ。

米海兵隊のF-35Bが米海軍の揚陸艦に展開したり、米海軍のF-35Cが空母に展開したりする場面では、動くフネの上からALISにアクセスする必要が生じる。コンピュータ機器は陸上で使用するのと同じものを持って行けばよいだろうが、通信回線は話が違う。たぶん、衛星通信回線が必要だ。

そしてもちろん、情報システムであるからには、しかるべきセキュリティ対策も講じなければならない。

ちなみにこのALIS、実戦部隊だけでなく、アメリカ本土の訓練部隊や試験部隊でも使っている。試験飛行や訓練飛行も、みんなALISの管理下に置かれているわけだ。ALIS自体の機能追加やバージョンアップに加えて、実運用経験を反映した手直し、そしてもちろんバグの修正も行われている。

┃ALISからODINへ

ただ、進化が激しい情報通信分野のこと。2000年代の初頭に構想されたALISを2020～2030年代まで引っ張るんですか？　という話が出てくるのは無理もない。そのことと、そもそもALISが野心的なビッグ・プロジェクト過ぎて開発に難航したことから、ALISには見切りがつけられ、後継システムに移行することになった。

それがODIN（Operational Data Integrated Network）である。担当者に北欧神話※31好きがいたのだろうか。2020年頃から導入が始まっているが、すでにALISが動いているところにODINを導入し

て円滑に移行しなければならないから、これはこれで胃薬が欠かせない仕事になりそうではある。

　つまり、ODINの操作を覚えるだけでなく、ALISに収まっているデータをどこかのタイミングでODINに移し替えなければならない。しかも、全世界のすべての基地、すべての部隊で一斉にODINを導入するわけではなく、導入も移行も段階的な作業になる。すると必然的に、ALGSの下でALISとODINが同居する期間ができてしまう。考えただけで頭痛がする。

ODINで使用するコンピュータ機器（OBK）は、ALIS用のそれと比べて大幅に小型軽量化される

　なお、ALIS用のサーバ機器は人の背丈ぐらいあるラックに収まっており、さらに予備電源モジュールが必要で、重量は800ポンド（約363kg）を超えていた。それに対して、ODIN用の機材（OBK：ODIN Base Kit）は機内持ち込み荷物ぐらいのサイズの携行用ケース（重量は70ポンド、約32kg）×2個に収まるという。もちろん処理能力も改善しており、処理に要する時間はALISと比べて半分以下とのこと。

COLUMN 01

フォートワースってこんな街

F-35の組み立て工場があるフォートワースは、アメリカ南部、テキサス州にある街。テキサス州の街というとダラスが有名だが、そのダラスよりも少し西方にある。だから空港はふたつの街で共用する形になっており、空港名はダラス・フォートワース空港(IATAコードはDFW)という。

ただし、F-35の組み立て工場があるのはそこではなく、街の西外れにあるフォートワース統合予備役基地──かつてのカーズウェル空軍基地の西側だ。

工場施設は空軍が保有しており、「プラントNo.4」という。ここの名物は、「ワン・マイル・ファクトリー」と呼ばれる、南北に1.5kmぐらいある大きな建屋。それをロッキード・マーティンが運用する形、つまり政府所有の民間運営(GoCo:Government-owned, Contractor operated)である。かつてここではF-16の生産が行われていたが、F-35の生産が拡大したのを受けて、F-16の生産はサウスカロライナ州グリーンヴィルに移転した。

昔、フォートワースは畜牛の輸送や牧場産業で栄えた。その関係で、今でも街の北西部には「ストックヤード」という牛の飼育場があり、名所のひとつになっている。2016年9月23日にあった日本向けF-35A初号機のロールアウト式典に出席するために現地を訪れた自衛隊関係者も、ストックヤードを見に行ったそうである。

テキサス州の産業というと石油が連想されやすい。テキサスで油田が見つかったことから、フォートワースでも石油関連の企業が相次いで拠点を構えた。その石油と、航空機やエレクトロニクスが、フォートワース界隈の主要な産業になっている。アメリカン航空の本社はこの地にあり、当然ながらダラス・フォートワース空港は同社の拠点空港である。

Lockheed Martin

ロッキード・マーティン社のフォートワース工場。奥にある細長い建屋が名物の「ワンマイル・ファクトリー」

USAF

第2部

第5世代戦闘機の戦い方

第1部では、もっとも身近な第5世代戦闘機であるところのF-35ライトニングⅡについて、
機体や製造工程などに関する話をいろいろ書いた。
しかし実のところ、戦闘機は「戦の道具」であるから、
どのようにして任務を遂行するのかという話は欠かせない。
それについては独立したセクションを設けて、
集中的かつ掘り下げる形とするのが筋であろう。

※1：Mk.
"Mark"の略で、一般には世代を意味する言葉として使われる。米軍では装備品の名称として、後ろに数字をつけて「Mk.○○」という名称を使うことがよくある。

何のためのステルス技術か

　F-35に限ったことではないが、ステルス戦闘機というと「どれだけレーダーに映りにくいか」を評価の尺度にする人がいる。しかし、レーダーに探知されにくい（探知されない、ではない）ことは「目的」ではなくて「手段」である。では「目的」は何なのか。

相対的な状況認識の優越

　昼間で天候が良く、かつ距離が短ければ、Mk.※11アイボール、つまり人間の目玉による探知も可能である。しかし、人間の目玉による探知が可能なのは、距離が比較的短く、かつ可視光線が使える場面に限られる。天候が悪かったり、夜間だったりすれば、可視光線による探知は成立しない。

　そこで多用されるのがレーダー。電波を使用するから昼夜・天候を問わないし、有効範囲は目視よりもはるかに広い。ただし、レーダーは「送信した電波の反射波を受信する」ことで探知を成立させるものだから、反射波が戻って来なければ探知は成立しない。

レーダーによる探知は、レーダー電波の反射波を拾うことで成立する。写真は米海軍のアーレイ・バーク級駆逐艦。変形八角形のパネルが、イージスの眼となるAN/SPY-1D(V)レーダー。ここから電波を放ち、反射波を受信して探知を成立させる

　そこで、レーダー電波を浴びたときに、それを発信源に返さないように、あるいは返しにくくするように工夫するのが対レーダー・ステルス技術である。その詳しい内容については後で解説するのでおいておくとして、ここでは戦術的な意味に的を絞る。

　自機が敵軍のレーダーに探知されなければ、敵軍にしてみれば「敵機がいるのかどうか分からない」ということになる。探知できたと

しても、それが瞬間的なものに留まったり、途切れ途切れになったりすれば、探知目標の針路や速力を正確に把握することができない。

　つまり、対レーダー・ステルス技術は、レーダーを用いる敵軍の状況認識を妨げることになる。敵軍の状況認識を妨げれば、敵軍が自機と交戦するのは困難になるから、脅威の度合が低くなる。

　一方で、自機が優れたセンサー能力を備えていれば、敵軍に先んじて目標を見つけて交戦できる可能性が高くなる、と期待できる。F-35をはじめとする第5世代戦闘機の本質は、この点にある。レーダーもデータリンクも電子光学センサーもステルス技術も、すべてはこの「相対的な状況認識の優越」を実現するための手段だ。

ファースト・ルック、ファースト・キル

　敵軍よりも優れた状況認識を実現できれば、こちらが先に敵を発見して交戦できる。これが、第5世代戦闘機[※2]のキャッチフレーズであるところの、"ファースト・ルック、ファースト・キル"（先制発見、先制攻撃）が意味するところだ。

　組んずほぐれつの格闘戦は、戦闘機が登場する映画を作るときには不可欠のシーンだ。しかし、実際に戦闘機に乗って交戦する立場からすれば、敵に覚られずに忍び寄り、ブスリとやる方がずっといいに決まっている。わざわざ身体に負担をかけたり、リスクを冒したりする理由は何もない。そもそも、戦場に出て戦うだけでも十分にリスクのある行為なのだから。

　では、その "ファースト・ルック、ファースト・キル" を実現するためにF-35はどんな仕掛けを持っているんですか、というあたりが、この次の話の主題となる。

F-35とネットワーク中心戦

　いきなりだが、タイトルは「中心線」の誤変換ではない。NCW（Network Centric Warfare）という業界用語があり、それの日本語訳が「ネットワーク中心戦」である。航空戦に限らず、陸・海・空のいずれ

※2：第5世代戦闘機
ロッキード・マーティンがいいだしたフレーズ。レーダーなどのセンサーによる探知を困難にする機能と、ネットワーク化による連携・情報共有機能、コンピュータを活用したデータ処理機能を兼ね備えた戦闘機を指す。要するにF-35みたいな機体のこと。

※3：見通し線
何かを目視したときの視線が指す方向・範囲を指す言葉。異なる方向、あるいは地平線や水平線の向こう側は目視できないので、見通し線圏外という。

※4：空中警戒管制機
早期警戒機に情報処理用のコンピュータや多数の管制員を乗せて、空飛ぶレーダーサイトと空飛ぶ指揮所を兼ねられるようにした機体。

においても、この「ネットワーク化」がひとつのトレンドになっている。当然、F-35もそれを前提にした設計になっている。

データリンクでできること

あまり一般には注目されないが（軍事業界としては、注目されない方が嬉しいだろう）、軍事作戦において死命を制するのは通信である。敵情報告も、指揮下の部隊に対する命令の下達も、指揮下の部隊からの報告も、みんな通信によって成り立つ。通信に問題があれば、せっかく敵を発見しても報告が届かないし、適切な場所に適切な規模の部隊を差し向けるのも難しくなる。どんなに有力な部隊を擁していても、それが必要なときに必要な場所にいなければ、戦の役には立たない。

民間における通信と同様、軍事通信にも「有線」と「無線」があり、電報、音声通話、そしてデータ通信といった具合に発達して、用途を拡げてきた。近年では衛星通信の重要性が増しているが、これは見通し線[※3]圏外（BLOS：Beyond Line-of-Sight）の遠距離通信を行う需要が増しているためである。

現代の航空戦では、戦闘機・爆撃機・攻撃機などの航空機を投入するだけでなく、全体状況を把握して適切な指令を下すために、早期警戒機（AEW：Airborne Early Warning）や空中警戒管制機[※4]（AWACS：Airborne Warning And Control System）機を随伴させることが多い。それらの機体に乗った管制員が、敵の所在や向かうべき方向について指示を出すことで、戦闘機などの搭乗員にとっては状況認識（SA）の改善につながる。

写真左は写真は米空軍のE-3セントリー。現代の航空戦を司る「眼」と「頭脳」、それがAWACS機である。写真右はE-3シリーズの最新鋭、E-3Gの機内。コンピュータは民生技術を活用した製品に置き換わり、それに伴ってコンソールも新しくなっている

ところが、無線による音声通話では、言い間違いや聞き間違いといったリスクを完全には排除できない。もちろん、できるだけそうした問題が起きないように工夫をするにしても、人間がすることだから100％の完全性を期待できるかどうかは自信がない。

その点、通信途絶しなければという前提付きだが、データ通信は確実性が高い。AEW機やAWACS機がレーダーで得た情報を任務管制用のコンピュータに取り込み、それをデータ通信によって戦闘機などのミッション・コンピュータに送り込むわけだ。これを軍事業界ではデータリンクと呼ぶ。

データリンクによってやりとりする基本的な情報は、敵の航空機や艦船の位置と数、友軍機の位置やステータス情報といった、文字ベースでやりとりできる情報である。そして、いわゆる西側諸国でもっともポピュラーなデータリンクが、周波数ホッピング通信を使用するリンク16（別名TADIL-J：Tactical Digital Information Link J）である。

リンク16の無線インターフェイスは、極超短波（UHF：Ultra High Frequency）を使用しており、周波数の範囲は960～1,215MHz（969～1,206MHzとする資料もある）。ただし、敵味方識別装置[※5]（IFF：Identification Friend or Foe）と重複する一部の周波数範囲を除外しているため、以下の三つに分かれた範囲を使用している。

●960MHz（969MHz）～1,008MHz

●1,053MHz～1,065MHz

●1,130MHz～1,215MHz（1,206MHz）

これらの周波数範囲を51分割して、1秒間に77,000回（77,800回とする資料もある）の周波数ホッピング[※6]を行っている。そして、周波数ホッピング通信によって接続可能にした当事者同士の間では、順番にタイム・スロットを割り当てて時分割多元接続通信[※7]を行う。

F-35のデータリンク機能

ただし、リンク16の伝送能力は、データ通信の場合で31.6kbps～1.137Mbpsと、今となっては決して速くない[※8]。テキスト・ベースのデータをやりとりするだけならなんとかなるが、さらに多種多様な情

※5：敵味方識別装置
レーダーで探知した目標に対して電波で誰何して、正しい応答が返ってくるかどうかで敵と味方の区別をつける装置。事前に正しいコード番号をセットしておく必要がある。

※6：周波数ホッピング
電波の周波数をランダムに変化させて、傍受や妨害や混信を起こりにくくする技術。送信側と受信側が同じパターンで同調して周波数を変化させたときだけ、通信が可能になる。身近なところではBluetoothで使われている。

※7：時分割多元接続通信
ひとつの通信回線で、複数の通信を扱う技術のひとつ。通信内容を細切れにして順番に回線に乗せることで実現する。受信側では、細切れにされた通信を順番に拾い出してつなぎ合わせると元の通信内容を復元できる。

※8：リンク16の伝送能力
光ファイバーや移動体通信によるインターネット接続は、当節では毎秒何メガビットという単位が当たり前のもの。それと比べると、毎秒何キロビットという速度は3桁劣ることになる。

報をやりとりしようとすれば、能力不足になる可能性がある。

　そこでF-35では、リンク16に加えて、ノースロップ・グラマン製の MADL（Multifunction Advanced Data Link）という新型の大容量データリンクを搭載している。早い話がブロードバンド化である。インターネット接続回線がブロードバンド化によって新たな用途を開拓したのと同様、軍用のデータリンクも伝送能力の向上が新たな可能性につながるものと考えられる。

　もちろん、データリンクを通じてF-35が受け取った情報は、自機のセンサーで得た情報と合わせて融合・重畳処理を行い、例のタッチスクリーン式ディスプレイに表示する。パイロットはそれを一瞥するだけで状況を把握できるという触れ込みとなる。

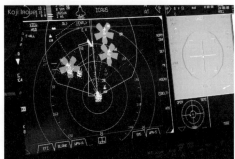

F-35のコックピット・ディスプレイに戦術状況表示を行った例。自機のセンサーで得たデータだけでなく、データリンク経由で外部から得たデータも重畳表示する。花びらのように見えるのは、敵の防空レーダーによって探知される可能性がある「危険範囲」で、これを避けて通れば探知されないということになる

　そのうち、有人機であるF-35が無人機（UAV：Unmanned Aerial Vehicle）と連携して、UAVが搭載するセンサーから送られてきた動画のライブ中継を見ながら目標を捜索、あるいは指示するといった使い方が一般化するかも知れない。実はこれ、米陸軍の新型攻撃ヘリ・AH-64Eアパッチ・ガーディアンで、すでに実現している話である。

米陸軍のAH-64Eアパッチ・ガーディアン。軍用UAVとの連携した戦術を採ることができる、現代の最新・最強攻撃ヘリ

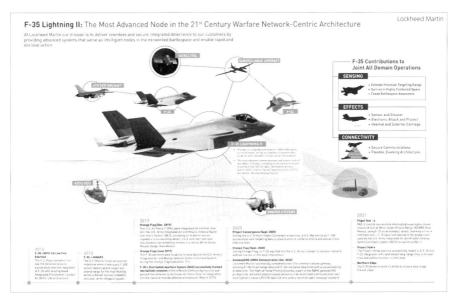

ロッキード・マーティン社による、F-35が参加するネットワーク中心戦の概念図。F-35が「センサー」と「シューター」両方の役割を果たすこと、F-35の介在がより多くの軍事資産をリンクさせることが強調されている

F-35の場合、AEW機やAWACS機、あるいはUAVといった外部のプラットフォームからデータを受け取るだけでなく、データリンク機能を使ってF-35同士が情報を共有する使い方もある。そうすると、敵情を当事者全員に周知徹底できるだけでなく、撃ち漏らしがないように目標を割り当てるのも容易になる。

逆に、F-35が自機のセンサーで捉えた情報を、データリンク経由で配布することもできる。相手は戦闘機に限定されないから、たとえばの話、「敵地上軍の地対地ミサイル部隊をF-35が捜索・発見したら、そのデータを味方の陸軍部隊に送って交戦させる」なんていうこともできる理屈となる。つまり、F-35は「シューター」だけでなく「センサー」にもなれる[9]。

ソフトウェア無線機にすることのメリット

F-35が搭載するアビオニクス(航空電子機器)では、通信・航法・敵味方識別、いわゆるCNIの機能をひとまとめにしており、通信部分はソフトウェア無線機(SDR)化している。これは音声通信もデー

※9：「シューター」「センサー」
センサーとは探知を担当する者のことだが、探知に使用する機材を指すこともある。シューターとは実際に武器を使って交戦する者のこと。

※10:相互接続性・相互運用性
ふたつのシステムの間で通信が成立するかどうかを意味するのが相互接続性。それを前提として、さらにデータや指令のやりとり、それによって実現する機能を正常に動かせることを意味するのが相互運用性。インターネットでは異なる種類の機器同士で同じように電子メールのやりとりができるが、これは相互運用性を実現している身近な例。

※11：アーキテクチャ
もともとは建築用語で「建築様式」という意味だが、武器システムの分野では、システムを構成する諸要素をどのように組み合わせて、システム同士のやりとりをどうするか、という決まり事を指す。

※12：射撃管制
射撃指揮あるいは射撃統制ともいう。目標に対して武器の狙いをつけたり、誘導武器の狙いを目標に向けて誘導されるように制御したりする機能の総称。

※13：アクティブ/パッシブ
レーダーなら電波、ソナーなら音波を自ら発して、その反射波を受信することで探知を成立させるのがアクティブ探知。相手が発する電波や音波に適切に聞き耳を立てるだけなのがパッシブ探知。

※14：フェーズド・アレイ・レーダー
小さな送受信用アンテナを並べて（これがアレイ）、それぞれで電波を送信するタイミング（これが位相すなわちフェーズ）をずらして電波の送信方向を変えたり、受信時のタイミングのズレを検知することで入射方向を把握したりするレーダー。アンテナが固定式でも、電波を出す向きを変えて、広い範囲（最大で120度ぐらい）を捜索できる。

※15：AESA
フェーズド・アレイ・レーダーのうち、特に送受信用アンテナと送信機・受信機を一体化したものを指す。複数の送受信用アンテナが、ひとつの送受信機を共用するのがパッシブ・フェーズド・アレイ・レーダー。

タリンクも同じだ。

ソフトウェアを追加、あるいは変更するだけで新しい通信規格に対応できるのが、ソフトウェア無線機のメリットだ。欧米諸国ではF-35以外でもソフトウェア無線機への移行を進めている。そこで相互接続性・相互運用性※10を確保するため、アーキテクチャ※11に関する規定（SCA：Software Communications Architecture）を定めたり、その規定に則った新型無線機を開発したりしている。

このCNI機能に限らず、F-35はソフトウェア制御になっている機能が多い。柔軟性や将来に向けた発展性を確保しやすいメリットがある一方で、ソフトウェアの開発負担がリスク要因になるという問題もあるのは否めない。それでも、ハードウェアで作り込むのと比べれば、長期的にメリットがある。なにしろハードウェアでは、機能の追加や強化を図ろうとすると、ハードウェアをゴッソリ作り替えないといけない。

F-35のレーダーと電子光学センサー

次に、F-35ライトニングⅡの「眼」となるセンサー群について取り上げていくことにしよう。

機首のフェーズド・アレイ・レーダー

昔は、捜索や射撃管制※12に使用する目的でレーダーを搭載した戦闘機のことを、わざわざ「全天候戦闘機」と称して、パイロットの目玉に頼って戦闘を行う「昼間戦闘機」と区別していた。しかし現在では、一部の例外を除いてレーダーを装備しているのが当たり前になったから、わざわざ「全天候戦闘機」といって区別する意味合いは薄れた。

F-35は、機首にノースロップ・グラマン製のAN/APG-81レーダーを備えている。最近の通例通り、アクティブ式※13のフェーズド・アレイ・レーダー※14、いわゆるAESA（Active Electronically Scanned Array）※15レーダーになっている。さらに、新しいAN/APG-85の開発が進んでいる。

レーダーというと、アンテナがぐるぐる回っている様子を連想するこ

ノースロップ・グラマン社製のAN/APG-81レーダー。F-35機首のレドーム内に斜め上向きに固定されており、正面には小型送受信モジュールが並んでいる。隠密性に優れたレーダー電波を使用して、レーダーが面する半球内を同時に複数方向、捜索することができる

Northrop Grumman

※16：合成波
アクティブ・フェーズド・アレイ・レーダーにおいて、複数のアンテナから出した微弱な電波が合わさって生成される電波のこと。

※17：レーダー警報受信機
敵のレーダー、中でも射撃の際の照準やミサイル誘導に使われる射撃管制レーダーが出す電波を逆探知して、敵に狙われているぞという警報を発する機器。

とが多いだろう。これは、アンテナが電波を送受信できる向きに限りがあり、全周をカバーするにはアンテナをぐるぐる回す必要があるからだ。戦闘機の場合には全周をカバーするには至らないものの、上下・左右に機械的に首を振るから、基本的な考え方は同じである。

　ところがAESAレーダーの場合、アンテナは平面の固定式である。この平面の中に多数の小型送受信モジュールを組み込んである。ひとつのモジュールの出力は大きいものではないが、多数のモジュールを同時に作動させることで、それなりの出力を持った合成波※16を生成できる。

　そして、個々の送受信モジュールごとに発信のタイミング（位相）をずらすことで、生成する合成波の進行方向を変えることができる。受信は逆に、個々の送受信モジュールごとに受信タイミングの差をとることで、入射方向を計算できる。つまり、固定式の平面アンテナであっても電気的に「首を振る」ことで、機械走査式のレーダーと同様に広い視界を確保しているわけだ。

　こうすると、可動部分がなくなるので信頼性が向上するほか、一部の送受信モジュールが使えなくなっても、残るモジュールで（能力は落ちるものの）動作を継続できる余録もある。また、広い範囲を迅速に走査できるし、対空・対地の（事実上の）同時捜索も可能となる。

ステルス性とレーダー探知の兼ね合い

　ただし、F-35はステルス機である。せっかくレーダー反射を低減して敵のレーダーによる探知を避けるようにしても、自分がレーダー電波を出したのでは「闇夜に提灯」、敵機のレーダー警報受信機※17

※18：合成開口レーダー
レーダー・アンテナを移動させながら、その移動を利用することで実際のサイズ以上に大きなアンテナと同じ状態を擬似的に作り出して、高解像度のレーダー映像を得る手段。レーダー・アンテナが移動していなければ実現できない。

※19：リモートセンシング衛星
人工衛星のうち、宇宙空間から地上・海上の情報をとることを目的としたもの。可視光線、赤外線、レーダーを用いて映像を得る形が一般的。偵察衛星はリモートセンシング衛星の一種といえる。

※20：赤外線センサー
何か物体が発する赤外線を探知するセンサー。単一のセンサーなら赤外線の発信源の有無を捉えることになるが、複数のセンサーを並べれば、粗いながらも映像として捉えることができる。

※21：光学センサー
要するに可視光線を使用するカメラのこと。いま使われているものは、当然ながらデジタル化されている。

※22：レーザー目標指示器
レーザー誘導の武器を使用する際に、目標に向けてレーザー・パルスを放つ機器。武器の側は、放ったレーザーの反射波を受信して、そのレーザーの方向に向けて誘導される。

（RWR：Radar Warning Receiver）に探知されてしまう。それを避ける方法は二種類ある。

　ひとつは、自機のレーダーを使用する場面を局限して、他の手段によって敵情を得ることである。たとえば、早期警戒機（AEW）や空中警戒管制機機（AWACS）を随伴させて、そちらのレーダーに探知を任せてしまい、探知情報を受け取る方法がある。

　もうひとつの方法は、逆探知されにくいレーダーを作ることである。「そんなことできるのか」と思われそうだが、可能である。これについては後で、詳しく解説する。

┃空対地攻撃用の眼・EOTS

　F-35はマルチロール・ファイター、つまり空対空だけでなく空対地・空対艦など、多様な任務に対応する戦闘機である。そのため、空対地兵装のためのセンサーも必要になる。

　AN/APG-81レーダーには合成開口レーダー※18（SAR：Synthetic Aperture Radar）モードがあり、地表のレーダー映像を得ることができる。SAR自体はリモートセンシング衛星※19でも使用しているテクノロジーだから、なにも軍用機の専売特許というわけではない。

　しかし、SARは地表の状況や起状を知る役には立つが、目標指示には使えない。そこで、さらに機首下面にAN/AAQ-40 EOTS（Electro Optical Targeting System）を搭載している。これは、赤外線センサー※20・光学センサー※21・レーザー目標指示器※22を組み合わせた機器で、センサーが捉した映像は、例のコックピットの大画面タッチスクリーン式ディスプレイに表示する。

国際航空宇宙展2012で展示していた、EOTSの模型。実際には機首下面に取り付けるので、向きは逆になる。センサー自体は固定されていて、反射鏡を動かすことで広い視界を得ている

実は、F-35のコックピットに設置してあるタッチスクリーン式ディスプレイは、表示する内容が固定的に決まっているわけではない。だから、彼我の位置関係を示した戦術状況表示を大きく扱うことも、EOTSが捕捉したセンサー映像を表示することも、機内兵器倉や翼下ハードポイント[23]に搭載した兵装の状況表示に使用することも、機体の飛行関連情報を表示することもできる。画面を分割して、さまざまな情報を同時に表示することもできる。どの情報をどこにどう表示させるかは、パイロットのお好み次第。

さてそれはそれとして、EOTSのセンサー映像で捕捉した目標に対してレーザー照射を指示すると、そのレーザーの反射波をたどって誘導されるレーザー誘導爆弾（LGB：Laser Guided Bomb）の投下が可能である。また、GPS（Global Positioning System）で自機の位置を正確に把握していれば、EOTSを使って得た目標の方位・距離情報を加味する形で、目標の緯度・経度を間接的に算出できる。その情報を兵装に入力すれば、GPS誘導兵装の投下も可能である。

ロッキード・マーティンが2011年10月に、F-35のコックピット・シミュレータを持ち込んで記者説明会を開催した際に、筆者も実際に乗り込んで操縦させてもらった。そして、他の取材陣が「空中戦をやりたい」とか「空母から発進したい」とかいったリクエストを出していたのに、筆者はへそ曲がりにも（?）「空対地攻撃をやりたい」とリクエストした。

そして、ディスプレイに「EOTSが捕捉した地対空ミサイル発射器」の映像が現れたところで、そのミサイル発射器に十字の照準線を合わせてロックオン[24]、さらに兵装投下ボタンを押して、GPS誘導爆弾でミサイル発射器を吹っ飛ばす場面を経験したのであった。

※23：ハードポイント
軍用機で使われる用語で、武器やセンサー機器などを取り付ける場所のこと。一般的には胴体や主翼の下面に設ける。

※24：ロックオン
ミサイルの誘導機構が、追尾すべき目標を捕捉した状態のこと。

コックピット・ディスプレイの右側に、EOTSの映像を表示した例。写真左は火を噴いて墜落している敵機。MiG-29ファルクラムか? 写真右はどこかの飛行場の滑走路のようだ。EOTSのセンサーを下に向ければ、こんな表示も可能である

もちろん、報道陣向けのデモだから意図的に簡単にしていた部分もあるだろうし、実戦がそんな簡単にいくわけでもなかろう。とはいえ、パイロットのワークロードをできるだけ減らし、状況認識能力を高めて、戦術の組み立てと実行に専念できるように工夫しているのだな、ということの一端は窺い知れたと思っている。

画期的センサー、EO-DASとHMD

従来の戦闘機と違うF-35の最大の特徴は、AN/AAQ-37 EO-DASの存在だ。ちなみに、EO-DASは「イーオー・ダス」と読む。フォートワース工場で機体について説明してくれたロッキード・マーティンの人は、縮めて「ダス」と呼んでいた。

床下まで───全周が見える!

1970年代以降、戦闘機は良好な視界を確保しなければならないという認識が高まった。そのため、空力的要求を二の次にしてコックピットを大きく突出させた、後方まで視界の良さそうな形が普通になった。しかし、すべて透明なスケルトン飛行機があれば別だが、機体構造材で視界を遮られる部分はどうしても出てくる。特に真下はどうにもならない。

第二次世界大戦中、イギリス海軍のソードフィッシュ艦上攻撃機が敵艦の攻撃に行ったら、そのうちの一機が対空砲火で床の外板（正確にいうと布張りだが）をもぎ取られてしまった。それで、その上の席に座っていた搭乗員が帰途に「風通しが良すぎるう!　床板やあい!」と呪いの言葉を吐き続けていたそうである。そういう場面でもなければ、普通、床下は見えない。

ところが、その常識を壊したのがF-35。前述のように、EO-DASはElectro-Optical Distributed Aperture Systemの略だが、この名称を日本語に逐語訳すると「電子光学分散開口システム」となる。「開口」といわれると何のことかと思うが、要するに、昼夜・全天候下で視界を得るための赤外線映像センサーのことだ。

EO-DASは、機体の周囲をカバーするように6基のセンサーを備えている。設置場所は、キャノピーの前(前上方向き)、キャノピーの後方(後上方向き)、胴体下面の張り出し(前下方向き・後下方向き)、機首の両側面。これにより、床下も含めて全周が見えるようになっている。ちなみに、この画期的なメカを担当しているのはノースロップ・グラマンである。

※25：HUD
計器盤に視線を落とさなくても情報を得られるように、操縦士の真正面に設けた透明な板(普通はハーフミラーを使う)に情報を投影する仕掛けのこと。

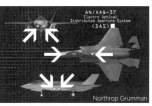

写真はF-35の機首。キャノピーの直前に台形の黒い窓、側面に変形五角形の黒い窓が開いているが、これがEO-DASのセンサー窓。EO-DASのセンサーは上のイラストに示す6ヶ所に設置されており、左のイラストのように機体の全周をカバーする

もっとも、実際にF-35を操縦しているパイロットによると「よく『真下が見えるんですか?』って訊かれるので、『見えますよ』と答えるんです。でも、真下の様子というのは、少し前まで斜め前方下にあったものですからね。それに、機体を横転させる方法もありますし」だそうだ。

実のところ、EO-DASの最大のメリットは、赤外線センサーを使用している関係で昼夜・天候に関係なく機能することかも知れない。

▌開発は大変だった

デジタル映像の世界では、パノラマ撮影したデータをつなぎ合わせてひとつの画像にするソフトウェアがあるが、EO-DASもそれと似た理屈だ。6ヶ所のセンサーから得たリアルタイム動画をつなぎ合わせて、全周視界の動画データに仕立てる。そのデータを、パイロットが被っているヘルメットのバイザーに投影表示する。いわゆるHMD(Helmet Mounted Display)だ。

HMDを装備したため、F-35はこれまでの戦闘機なら不可欠の装備だったHUD(Head Up Display)がなくなった。HUD[25]は計器

※26：無限遠
近くのモノを見るか、遠くのモノを見るかで、それぞれ眼の焦点を合わせ直す作業が必要になる。特に遠方のモノに焦点を合わせた状態が無限遠。マニュアルフォーカス式のカメラで、フォーカスリングの「∞」に合わせた状態と考えると分かりやすい（?）

F-22（写真左）のパイロット正面にあるHUDが、F-35（写真右）にはない。F-35では、HUDに表示できる情報をヘルメットのバイザーに投影し、パイロットは正面を向かなくてもその情報を得ることができる

盤の上に固定されているから、前方を見ているときでなければ使えない。それでも計器盤に視線を落とさなくていいし、焦点を無限遠※26に設定してあるから焦点を合わせ直す負担も少ないのだが、どちらを向いていても使えるHMDの方が有利なのは容易に理解できる。

ただし、パイロットの頭の向きは一定ではないから、HMDでは頭の向きを検出する仕組みが不可欠となる。これとEO-DASを組み合わせると、「パイロットが下を向けば、下方のセンサーで撮影した映像を表示するようになる」というわけで、床下の映像も見られるというわけだ。

……と書くだけなら簡単だが、実際にそれを作るのが容易ではないのは、ソフトウェア屋さんや映像屋さんなら容易に理解できると思う。表示にちらつきや遅延があってはならないし、つなぎ合わせた部分が不自然な表示・不鮮明な表示になっても困る。だから、F-35の開発において、EO-DASは開発に手間取った部分のひとつなのだ。

また、データを投影表示するヘルメットは、普通なら存在しないプロジェクターまで備えなければならないので、必然的に重くなる。しかしヘルメットが重くなるとパイロットの首にかかる負担が増える。

と考えていくと、開発が難航するのもむべなるかな。しかし、いったん出来上がれば、おおいに役に立つ仕掛けであろうことは、容易に理解できる。

あらゆる情報を総動員した「結果」を表示

実はこのEO-DAS、単に映像を表示するだけのメカではない。HMDには、通常ならHUDに表示する飛行関連データ（速度・姿

勢・高度など）も表示する。そしてEO-DASのセンサー映像は、単に捕捉した映像を表示しているだけではないようだ。

映像だけだと、遠くにいる飛行機は単にひとつの「点」として映る。それが近付いてくると、だんだん飛行機の形に見えてくる。だから単に映像だけ表示していると、識別できるぐらい接近しなければ、それが飛行機だとは分からない。そこからさらに、外形や塗装などの情報を利用して敵味方の識別をしないといけない。一方、EO-DASでは映像に飛行機らしき「点」が映ると、それはシンボル図形で囲んで表示してくれるようなのだ。

もちろん、F-35も他の戦闘機と同様に、電波を使って誰何[27]する敵味方識別装置（IFF）を備えている。しかし、これはレーダーと組み合わせて使うもので、レーダーが探知した目標に対して電波で誰何を行い、敵味方の区別をつける。ところが、EO-DASでは（レーダーではなく）映像のデータと紐付けなければならない。

おそらく、自機のレーダー探知情報、あるいはデータリンクを通じて流れ込んでくる外部のレーダー探知情報、それらに付随するIFFの情報など、使えるデータを総動員して識別を行い、その結果をEO-DASの映像表示に反映させているのではないかと思われる。

実のところ、F-35の売りは「データ融合」「センサー融合」だから、EO-DASの映像情報に他のセンサーのデータを加味するぐらいのことはやっていても驚くにはあたらない。しかしこれもまた、「口でいうのは簡単だが、開発・実装するのは大変」な部類の話である。

CNIとデータリンク

F-35に対する批判的な意見はよく見かけるが、その多くは「スピードが出ない」「機動性が良くない」といった、ひとことでいえば「ヴィークルとしての良し悪し」を問うものである。なるほど、最高速度も加速力も旋回性能も、基本的な水準は満たしているが、図抜けてすごいとはいえないかも知れない。

しかし、F-35の本質は別のところにある。この機体はステルス化によって被探知性を下げる一方で、優れた「眼」と「耳」を持っている。

※27：誰何
「すいか」と読む。相手の正体を確かめること。

※28：CiNii
国立情報学研究所が運営する
データベース群。各種文献、研
究データ、研究プロジェクト、大
学図書館の総合目録、博士論
文を扱う。

F-35の神経線となるCNIシステム

CNIとは通信（Communications）、航法（Navigation）、識別（I-dentification）の頭文字を取ったもので、CiNii[28]とは何の関係もない。F-35のCNIシステムは、ノースロップ・グラマンが手掛けている。

一見したところ、この三種類はまるで無関係の機能に見える。しかし、通信は無線の送受信を行うものであり、航法でも電波のやりとりがある。そしてまた、レーダーで捕捉した物体が敵か、それとも味方かを識別するためにIFFを積んでいるが、これは電波で誰何する。こうしてみると、この三分野には意外と共通する部分があるとわかる。

どんな戦闘機でも艦艇でも車両でも、音声通信用の無線機は持っている。音声通話用の通信機も、飛行機同士が近距離で使用するVHF/UHF通信機だけで済むとは限らず、遠距離通信用にHF通信機や衛星通信機を備えることもある。

そして近年では、搭載するコンピュータやセンサーで得たデータをやりとりしたり共有したりするために、データ通信用の無線機、いわゆるデータリンク装置を備えるのが普通になった。パイロットが口頭で会話をする代わりに、機上コンピュータ同士がデータリンクを通じて会話をする。

すると、通信関連の機能が増える分だけ、通信機という名のメカがたくさん載ることになり、場所をとる。それなら、そのさまざまな通信機を可能な限りひとまとめにできる方が効率的ではないか？　共通する機能はひとつのハードウェアにまとめる方が合理的ではないか？

F-35はデータリンクの存在を前提にした戦闘機だから、最初から音声用の通信機とデータリンク用の通信機を備えている。そこで、複数の無線通信関連機能を個別に独立した機材にする代わりに、ソフトウェア無線機（SDR）化することでひとまとめにした。

だからF-35のCNIシステムは、音声通信もデータリンクも司っている。しかもデータリンクについては、既存の機体や艦艇などとやりとりするためのUHFデータリンク・リンク16と、F-35同士で使用するKuバンドの高速データリンク・MADLの両方に対応する。将来は、他のプラットフォームにもMADLを展開することになるかも知れない。

米海兵隊のF-35Bを「眼」として使い、SM-6艦対空ミサイルによ

る遠距離交戦を行う、NIFC-CA[29] (Naval Integrated Fire Control-Counter Air) の試験を実施したことがある。このときには、陸上に設置したイージス戦闘システム[30]にデータを送るため、イージス戦闘システムの側に臨時にMADLの端末機を追加する必要があったはずだ。F-35みたいに全面的にソフトウェア無線機化していなければ、必然的にそうなる。

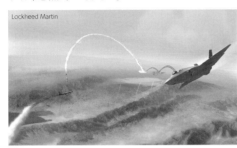

NIFC-CAによる交戦の例。米海兵隊のF-35Bのセンサーで照準した空中標的を、SM-6艦対空ミサイルで迎撃するイメージ図

※29：NIFC-CA
艦艇や航空機が持つ探知機能をネットワーク経由で組み合わせることで、直接には見通せない遠方まで交戦可能範囲を拡大する技術・運用形態の総称。

※30：イージス戦闘システム
イージス艦が搭載する各種の武器と、それを制御するコンピュータ・システムや通信システムの集合体を指す言葉。対空・対水上・対潜と多様な分野を扱うが、特に対空戦闘を行う部分が中核であり、これをイージス武器システムと呼ぶ。

ソフトウェア無線機の利点

ソフトウェア無線機はその名の通り、対応する通信の種類（軍事業界ではウェーブフォームと呼んでいる）ごとに別個に電子回路を組む代わりに、ソフトウェアで制御するシグナル・プロセッサを使う。

だから、制御用のソフトウェアを追加すれば新しいウェーブフォームに対応できるし、不具合対処や機能拡張についてもソフトウェアを手直しして対応できる。ソフトウェアの開発は面倒だが、いったん完成すれば後で楽ができる（はずだ）。

実はF-35に限った話ではなくて、米軍で導入を進めている新型データリンク装置・MIDS JTRS（Multifunctional Information Distribution System Joint Tactical Radio System）もまた、ソフトウェア無線機だ。もともとリンク16用の端末機として作られたが、ソフトウェアを追加することで、もっと性能のいい新型データリンクのウェーブフォームにも対応できるようになっている。日本だと、陸上自衛隊の野外通信システムがソフトウェア無線機だ。

ソフトウェアを追加しても物理的なスペースは増えないし、機体の重量も増えない。メモリとストレージを余分に使うが、通信機をひとつ追加するのに比べれば問題は小さいし、最初に余裕を持たせて

※31：砲煩兵器
「ほうこうへいき」と読む。機関銃から各種の大砲まで、火薬の燃焼で発生するガスを用いて弾を撃ち出す武器の総称。

おくこともできる。

だから、F-35みたいに機内空間に余裕のない機体では、ソフトウェア無線機のメリットは大きい。なにしろF-35ときたら、F-16並みにコンパクトなサイズなのに、機内燃料搭載量はF-16の2倍近くあるし、ステルス化のために機内兵器倉まである。機内はもうギッチギチで、設計は大変だった……とは、ロッキード・マーティン社員の弁。

▎航空機メーカーは搭載電子機器もつくる

前述したように、F-35のCNIシステムを手掛けているのはノースロップ・グラマンである。前身のノースロップもグラマンも航空機メーカーだったから、ノースロップ・グラマンも航空機の会社ではないか……という先入観を持つのは自然な流れだろう。

しかし実態は異なる。もちろん航空機も手掛けているが、そこに搭載するレーダーなどのセンサー機器、そしてF-35のCNIシステムに代表される通信などの各種電子機器など、「中身」を手掛けるエレクトロニック・システムズ・セクターも重要な位置を占めているのが同社の現状だ。

念のためにと思って、同社のアニュアル・レポート（年次報告書）を調べてみた。2015年の数字を例に取ると、営業利益（Operating income）はエアロスペース・セクターが12億2,000万ドル、エレクトロニック・システムズ・セクターが10億6,800万ドルで、べらぼうな差はない。つまりドンガラ（飛行機）だけでなく、アンコ（搭載電子機器など）が大事な稼ぎ頭になっているわけだ。

ノースロップ・グラマンに限らず、他の大手防衛関連メーカーも似た傾向がある。外から見て分かりやすいのは「戦車」「艦艇」「戦闘機」などといったプラットフォーム、あるいは砲煩兵器※31やミサイルなどといった武器だが、実際におカネがかかっている分野は違うのだ。

レーダーの被探知性を下げる

さて、ステルス機は電波を出さない……という先入観がある。確か

にF-117Aはそうで、レーダーは装備していなかった。しかし、無線通信は受信だけ、レーダーは使えません、では仕事にならない。ではどうするか。

電波の傍受を避ける方法

　レーダーとは、電波を出して、それの反射波を受信することで探知を成立させる機器だ。そして、一般的にはパルス波を使用する。つまり、瞬間的に電波を出して、その後でしばらく、反射波が返ってこないかどうかと聞き耳を立てるサイクルを繰り返す。だから、レーダー電波は瞬間的に、特定の周波数帯域でピークが立つ形になるのが一般的だ。そこで、敵レーダーが使用しそうな周波数帯域に合わせたアンテナと受信機を用意して聞き耳を立てることで、レーダー電波の傍受が可能になるというわけだ。

　探知が成立するには、送信した電波が対象物に当たって元の方向に反射するだけでなく、その反射波は送信元に到達できるだけのエネルギーを残していなければならない。ということは、発信元からの距離が離れてレーダー電波が減衰すると、何かに当たって反射しても送信元まで到達できず、探知不能ということになる。

　すると、レーダーの探知可能距離より先には、レーダー電波が届いていても探知ができない領域があるわけだ。そこでは、敵が発したレーダー電波の傍受はできるが、探知はされない。これは、レーダーを使用すると敵に先制発見される領域が存在することを意味する。

　だから、ステルス機が通常型のレーダーを装備して漫然と作動させると、「闇夜に提灯」ということになり、ステルスどころか自らの存在を暴露してしまう仕儀となる。それが、「ステルス機は電波を出さ

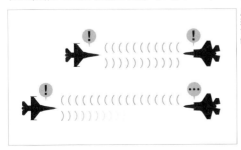

反射波が送信元まで到達できなければ探知不能であるばかりか、相手に先制発見されてしまう

※32：ドップラー偏位
移動物体が発する音や電磁波、あるいは移動物体に当たって反射する音や電磁波では、移動速度に応じて周波数が変わる。その周波数変化のこと。

ない」という話につながっている。

しかし、レーダーが使えないのでは遠距離捜索も夜間・悪天候下での捜索もできず、あまりにも不便。そこで考え出されたのが、LPI（Low Probability of Intercept、低傍受可能性）あるいはLPD（Low Probability of Detection、低探知可能性）という仕組みだ。要は、電波を出しても傍受されない、あるいは傍受されにくいレーダーを作れないものか、という発想である。

FMCWでLPI/LPDを実現する

FMCWとは、周波数変調した連続波（Frequency Modulated Continuous Wave）のこと。連続波だから、パルス波と違ってオンとオフを繰り返すことはしない。

オンとオフを繰り返すパルス・レーダーでは、ひとつのアンテナで送信と受信を兼用できる。しかしFMCWレーダーでは送信用のアンテナから連続的に電波が出ているので、受信用のアンテナは別に必要となる。

ともあれ、キモはその送信波にある。同一周波数の電波を出す方法でも、探知目標が移動していればドップラー偏位[※32]を発生させるから、戻ってきた受信波の周波数と送信波の周波数では違いが生じるはずだ。その周波数の差分がプラス側かマイナス側かで、目標が近付いているか、遠ざかっているかを判別できる。

ところがこれだけだと、目標が停止しているとき（正確にいうと、レーダーと目標の距離が変化しないとき）にはドップラー偏位が生じない。また、ドップラー偏位だけ得られても、そこには距離を知る手段がない。

そこで、送信波に対して周波数変調（FM：Frequency Modulation）をかける。その内容は、直線的に周波数が上がっていくというもの。その電波が探知目標に当たって反射してきた場合、受信波も同様に周波数が直線的に上がっているはずだ。

ただし、受信波では目標のところまで行って、そこから返ってくる分だけの所要時間が加わっている。すると、周波数が上がるタイミングは送信波よりも遅れるはずだ。ということは、送信波と受信波の周波

数差を調べればよいことになる。距離が遠くなれば周波数差も増える理屈になる。

これとLPI/LPDに何の関係があるか。連続波は、パルス波ほど高い送信出力がなくても所要の信号雑音比(S/N比)[33]を得られる傾向がある。連続波を使用することで送信出力を抑えられれば、その分だけ傍受される可能性は低くなる、ということなのだ。

スペクトラム拡散通信でLPI/LPDを実現する

スペクトラム拡散通信は身近なところで多用されているので、知らず知らずのうちに馴染み深い存在になっている。

ひとつは、IEEE802.11無線LANで使用している、直接拡散(DSSS：Direct Sequence Spread Spectrum)というスペクトラム拡散通信技術。

直接拡散では、ランダムな「1」と「0」の並び(拡散符号)を送信波に掛け合わせて送信する。これは、デジタル信号を非常に小さい電力で、かつ、広い帯域に分散して同時に送信する操作にあたる。受信波については、送信時に使用したものと同じ拡散符号を用いて復元する。だから、送信時に使用した拡散符号が分かっていないと、元のシグナルは復元できない。

また、Bluetoothやリンク 16データリンクで使用している周波数ホッピング (FHSS：Frequency Hopping Spread Spectrum)というスペクトラム拡散通信技術もある。

周波数ホッピングでは、ランダムな「1」と「0」の並びを用いて周波数を連続的に跳飛させる。受信波については、送信時に使用したものと同じビット列を用いて受信周波数を同調させることで、受信が可能になる。高い頻度で周波数を跳飛させるから、送信側と受信側が跳飛のタイミングと内容を継続的に同調させない限り、送受信が成り立たない。

これらがなぜLPIになるかというと、レーダー警報受信機(RWR)は特定の狭い周波数帯に的を絞って聞き耳を立てているから。そこで、直接拡散によって「薄められた」シグナルを受信しても、あるいは周波数ホッピングによって瞬間的に電波を受信しても、「敵のレー

※33：信号雑音比 (S/N比)
受信した音や電波のうち、有意なものとそうでないもの (要するに雑音) の比率を意味する言葉。

ダーや通信機が送信した電波だ」と判断できるだけの材料を得るのが難しくなる。

　つまり、レーダーに対するスペクトラム拡散通信の応用は「薄めたインクを川に流して、下流側で回収した水からインクだけ集める」といった按配になる。薄めたインクが混じった水を拾っても、元通りの濃いインクにはならない。

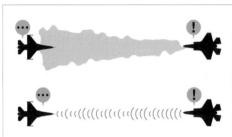

レーダー捜索におけるLPI/LPDの実現。①レーダー電波を周波数変調した連続波（FMCW）にすれば、出力が低いため相手に気付かれづらい。②レーダー電波を幅広い帯域で周波数ホッピングさせれば（スペクトラム拡散通信の応用）、相手に気づかれづらい。もっとも、相手側が対抗技術を編み出してくる可能性は常にある

▍通信もLPI/LPD化は可能

　ここまでは、レーダーのLPI/LPD化という前提で書いてきた。しかし、ことにスペクトラム拡散通信は、レーダーだけでなく無線通信にも応用できる。実際、先に述べたように民生用の通信でもスペクトラム拡散通信を利用している事例があるし、軍用でも同様である。

　F-35はMADLという高速データリンク機能を備えているが、これが敵に傍受されたのでは身も蓋もなくなる。すると、詳しい内容は当然ながら秘匿事項だが、MADLはLPI/LPD化の手法を取り入れているはずだ。

　F-35同士はそれで解決するが、F-35と他の機体、あるいは陸上の管制システムや艦艇の間でデータを共有する場合にはどうするか、という問題が指摘されている。ひとつの解決策として、MADLとその他のデータリンクの中継を行うゲートウェイを備えた飛行機を飛ばす手が考えられている。

　F-35同士、それとF-35とゲートウェイ機の間では秘匿性が高いMADLを使い、ゲートウェイ機とその他のプラットフォームの間は従来型のデータリンクを使う。こうすれば、F-35はMADLの送受信だけ行っていれば済む。どのみち非ステルス機はレーダーに映るのだ

から、データリンクの秘匿性だけ気にしても始まらない、と開き直ることになるのだろうか。

パッシブ・センサーとデータ融合

先に、「隠密性が身上のステルス機では、自ら電波を出すレーダーの利用は難しい。電波を出すときにはLPI/LPD化を図りたい」という話を書いた。その流れで、「ステルス性を持たせたプラットフォーム（航空機や艦艇など）に向いたセンサーとは何か」という話も取り上げておこう。

逆探知されるのは具合が悪い

レーダーでも、水中で使用するアクティブ・ソナー[※34]でも、自ら電波や音波を出して、その反射によって探知する原理は同じである。つまり反射波が戻ってこない遠方でも逆探知ができてしまう難点は共通する、という話は先に書いた。ポイントは、探知可能距離よりも遠方では「探知はできないが逆探知はされるゾーンがある」という点だ。

JMSDF

潜水艦「そうりゅう」。水中では、自ら発した電波や音波の反射によって周囲の状況を確認しつつ航行する。ただし、むやみやたらに使えば、反射波が戻ってこない遠方では相手に先制発見されてしまう

それが嫌なら、レーダーやアクティブ・ソナーは使うな、という話になる。それが徹底しているのは潜水艦だ。潜水艦乗りは、よほどの緊急事態にならない限り、アクティブ・ソナーを使いたがらないという。なるべく、パッシブ・ソナー[※35]だけで目標までの距離や動きを把握しようとする。

戦闘機も事情は似てきているかも知れない。自機が装備する射撃

※34：アクティブ・ソナー
音波を出して、それが何かに当たって反射してくることで探知を成立させる機器。分かりやすい例は魚群探知機。

※35：パッシブ・ソナー
音波に聞き耳を立てて、聴知した音の内容や入射方向から探知を成立させる機器。動作原理上、探知目標の方位は分かるが距離は分からないので、使い方を工夫する必要がある。

※**36：射撃管制レーダー**
砲爆兵器やミサイルを撃つ際に
用いるレーダー。目標を捕捉・追
尾して動きを知る機能が基本だ
が、ミサイルを誘導するための電
波を出す使い方もある。

管制レーダー※36を捜索モードに設定して作動させれば、敵機の存在を把握できる一方で、自機の存在も暴露してしまう。そこで代わりに、陸上・艦上のレーダー、あるいは早期警戒機に捜索してもらい、そこからデータリンクで情報をもらって接敵する。「いよいよ交戦」となったところで、初めて自機のレーダーを作動させる。

こんなやり方が実現できるのは、情報源となる外部のレーダーや、そこからデータをもらうためのデータリンクといった手段が整ってきているからだ。つまり、技術の進化が隠密性の向上に貢献している一例といえる。

┃パッシブなら逆探知されない

ソナーがパッシブ・モードの活用に走っているのなら、レーダーの分野でも、パッシブ探知だけでなんとかできないか、という発想に行き着くのは自然な流れかもしれない。

初の実用ステルス戦闘機F-117Aナイトホークは、レーダーを持っていなかった。パッシブ探知手段の赤外線センサーしか持っていなかったのだ。その結果、搭載できる兵装は赤外線誘導の空対空ミサイル、レーザー誘導爆弾（LGB）、（実際には使ったことはないが）自由落下の核爆弾、といった程度。これでは全天候性能とはいいがたい。

- 目視　- 音声通信
- 赤外線センサー（前・下方）

- 目視　- 音声通信
- 赤外線センサー（全周）
- データリンク　- レーダー（LPI性有り）
- 電磁波の逆探知（ESM）

F-117（左）とF-35（右）の状況認識手段の比較。ステルス機は、敵のレーダーに映らないようにするだけでなく、自機のレーダーや通信が傍受されないようにする工夫も必要になる。そのうえで獲得した状況認識手段には、30年以上の技術の差がありそうとうかがえる

それでは困るので、F-22ラプターやF-35ライトニングⅡは、LPI性に配慮したレーダーやデータリンクを備えている。それだけでなく、パッシブ探知手段の方も強化している。

F-22は搭載していないが、F-35は赤外線センサーを搭載してい

る。ひとつは、精密誘導空対地兵器の目標指示に使用するAN/AAQ-40電子光学目標指示システム（EOTS）、もうひとつは全周視界を確保するためのAN/AAQ-37 EO-DAS。どちらもすでに解説しているように、自ら何かシグナルを出すわけではない。赤外線を探知して映像を描き出すだけだから、自機の存在は暴露せずに済む。

しかし、赤外線センサーが役に立つのは、相手が赤外線を出している場合だけである。そこでさらに、レーダー電波の逆探知手段、すなわちESM（Electronic Support Measures）も備えている。

以前から、戦闘機ではレーダー警報受信機（RWR）の装備が一般化していた。これは、ミサイルや対空砲の射撃管制レーダーに狙われていることを教えてくれるという、限られた用途に特化した機材だ。対して、ESM[37]がカバーする相手は、もっと幅が広い。つまり射撃管制レーダーだけでなく、捜索レーダーも傍受対象に含めている。つまり「撃たれそうだ」という警報だけでなく、その前段階として「見つかりそうだ」という警報も出すことができる。

F-35の真の強みはここにある

以上のように書くだけなら簡単だが、実現するのは難しい。射撃管制レーダーは高い分解能[38]が求められるから、高い周波数の電波を使う。一方、捜索レーダーは、もっと低い周波数の電波を使うことが多い。しかも、使用する電波の周波数帯は機種によって千差万別である。すると、ESMが射撃管制レーダーの電波に加えて捜索レーダーの電波まで逆探知しようとすると、広い周波数範囲に対応できるアンテナと受信機が必要になる。

また、傍受するだけでなく、傍受した電波の発信源が何者なのかを知る必要がある。すると、平素から電子情報を収集してデータベース化しておく必要がある。それがないと、「見つかりそうだ」という警報は出せても、「誰に見つかりそうだ」という警報にならない。こうしてみると、ステルス機がステルス性を発揮してニンジャになるためには、隠密性を実現できるセンサーだけでなく、そのセンサーを活用するためのデータの収集・蓄積が必要ということが分かる。

なお、敵に見つからないだけでは、ステルス機の仕事は半分しか

※37：ESM
電波を受信する機器。主として敵が発するレーダーの電波を受信して、発信源の種類や方位を知るために使う。

※38：分解能
レーダー用語で、探知目標までの距離について正確さを示す「距離分解能」と、探知目標の方位について正確さを示す「方位分解能」がある。

終わらない。敵に見つからず、かつ敵を見つけて、悟られずに有利な位置を占めて交戦するところまでできて、初めて任務を完遂できる可能性につながる。

ここではステルス機と書いたが、水上戦闘艦や潜水艦でも事情は同じだ。隠れるだけではダメで、隠れた状態で敵を見つけ出す手段を持たなければならない。そこで赤外線センサーだのESMだの目視だのと、利用可能な手段を総動員して、さらに外部の探知手段も援用する、という手間のかかる話になる。

そして、情報源が多種多様になったときに、個別に専用のディスプレイ装置を並べて情報を表示したのでは、情報が散らかってしまって訳が分からないことになる。だから、データ融合、センサー融合といった機能が必要になる。

そういうシステムを構築することで初めて、ステルス性を備えたプラットフォームが役に立つ。そして、そのシステムを構築する過程では、データリンクにしろ融合機能にしろ、情報通信技術をフル活用する必要がある。

F-35で評価されるべきポイントは、単なる「ステルス性を備えていて見つかりにくい戦闘機になっている」ではない。ステルス性に加えて、センサーの充実、データリンクの活用、融合機能によって「眼」の部分を研ぎ澄ませている部分にこそ着目しなければならない。状況認識の優越を実現して、勝利につなげることが最終的な目的なのだから。

F-35の計器盤。サイズが大きいとか、タッチスクリーンになっているとかいうところが偉いのではなくて、戦術状況を単一の画面に融合して表示してくれるところが偉いのである

USAF

第3部
ステルス技術とカウンター・ステルス技術

先に述べたように、対レーダー・ステルスをはじめとする
各種の低観測性技術は、敵による探知を妨げて
相対的な状況認識の優位を作り出すためのもの。
しかし、一方がそうした手段を講じれば、他方は対抗策を講じる。
「矛と盾」の故事を持ち出すまでもなく、この業界では常に繰り返されてきたサイクルである。
そこで、対レーダー・ステルスを実現するための手法と、
それへの対抗策についてまとめてみる。

対レーダー・ステルスとコンピュータ

　まず、ステルス技術の中でももっともポピュラーな、対レーダー・ステルスを実現するための手法から話を始める。実は、これを実現するにはコンピュータが不可欠である。

▌反射波を発信源に戻さない

　一般的に、真っ先に想起されるのはレーダー探知を避ける「対レーダー・ステルス」だろうが、それ以外にも「赤外線ステルス」というものがある。赤外線センサーによる探知を避けるために、赤外線の放出を抑える策のことだ。

　実は、迷彩や偽装も目視による探知を避けるという意味では、広義のステルス技術といえる。水上戦闘艦や潜水艦では静粛性の追求を図るが、これは音響ステルスである。ただ、話を拡げすぎると収拾がつかなくなるので、ここでは、もっとも馴染み深い対レーダー・ステルスの話に的を絞る。

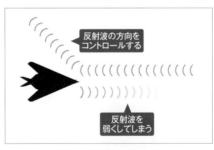

レーダー・ステルスの基本的な手法。反射波を発信源に戻さないためには、反射方向をコントロールする①、エネルギーを吸収して反射波を弱くする②の2つがある

　レーダーは、電波を出して、それが何かに当たって戻ってくる反射波を受信することで探知を成立させている。ということは、発信源のところに反射波が戻ってこなければ、探知はできない。発信源のところに反射波を戻さないようにする主な手法は、「反射波が戻る方向をコントロールする」「レーダー電波のエネルギーを吸収して反射波を弱くしてしまう」の二本立てである。そして前者にコンピュータが関わってくる。

　レーダー電波が発信源の方に返っていくから、探知が成立する。

それなら、レーダー電波を浴びたときに明後日の方向に逸らしてしまえば、発信源の方には返らない。

　また、移動しているヴィークルの場合、レーダー電波を各方面に満遍なく反射するよりも、特定の方向にだけ反射する方が有利である。探知対象が移動していて、それがレーダー電波を反射する方向が限られていると、反射した電波が向かう方向は時々刻々、変化する。すると、敵レーダー側でその反射波を受信できたとしても、瞬間的な探知にとどまる可能性が高い。

　一瞬だけ、レーダー・スコープに探知を示す輝点（ブリップ）が現れても、次の瞬間に消えてしまったのでは、本物の探知目標かどうか判断できない。また、それがどちらにどれぐらいの速度で移動しているのかも分からない。そんな状態では、交戦しようとしても困難である。つまり状況認識が妨げられる。

反射の方向を計算する

　レーダー電波の反射方向を限定しようとすると、反射源となるモノの形が問題になる。ステルス機はたいてい、主翼の前縁と後縁、あるいは胴体の側面と垂直尾翼の傾斜角を揃えているが、これは反射方向を限定するための基本だ。

Koji Inoue

F-22Aラプターをほぼ真下から見たところ。空気取入口の前縁後退角と主翼・水平尾翼の前縁後退角、それと主翼・水平尾翼後縁の角度が、それぞれ揃っている様子が見て取れる。機内兵器倉の扉の形状にも注目

　艦艇も同様で、上甲板[※1]を境界として、それより下の主船体側面は下方に、それより上方の上部構造物や煙突などは上方に向けて傾ける設計が一般化している。そして、上部構造物[※2]も煙突も、可能な限り、傾斜角を揃えている。これについては後で詳しく取り上げる。

　また、電波の想定飛来方向に対して尖った形状にすることで、明

※1：上甲板
船舶用語で、船体最上部の甲板のこと。普通はここが外部に露出している。

※2：（艦艇の）上部構造物
船体の上に載せられた「箱」のこと。

※3：電波暗室
壁に電波が当たって反射しないように工夫された部屋のこと。レーダーの性能計測や、ステルス機のレーダー反射測定に用いる。似たような構造で、電波ではなく音波を対象とするのが無響室。

※4：有限要素法
飛行機の機体構造などで用いる強度計算手法。構造全体を小さな三角形（トラス）の集合体に見立てて分解して、個々のトラスごとに強度を計算、その結果を合成することで全体の強度を割り出す。細かく分解する方が精度は上がるが、計算量が増える。

空中発射式巡航ミサイルJASSM-ERの展示用縮小模型。上部を絞った台形断面の弾体が明瞭に分かる。これで上方からのレーダー電波を側方に逸らす

後日の方向に反射波を逸らしてしまう効果を期待できる。F-117Aの平面型はまさに、前方からのレーダー電波を斜め後方に逸らすことを企図したものといえる。

また、日本でも導入の話が出たAGM-158B JASSM-ER（Joint Air-to-Surface Standoff Missile Extended Range）空対地ミサイル、あるいはそこから派生したAGM-158C LRASM（Long Range Anti-Ship Missile）対艦ミサイルは、弾体の断面形状を上部が絞られた台形にすることで、上方からのレーダー電波を側方に逸らす効果を狙っている。

ただ、こうやって形状面の工夫をするだけでなく、それが意図した通りの効果を発揮できるかどうかを検証する必要がある。特に、基本設計の段階ではさまざまな形状案を出して試行錯誤する必要があるが、その度に模型をこしらえて電波暗室※3に持ち込んで、電波を当てて計測するのでは、手間も費用もかかってしまう。かといって、理論値だけ持って行って「この機体はレーダーに映らない"はず"です」といっても、現場の人間は相手にしてくれない。

そこでコンピュータによる計算が不可欠となる。まず、対象物の外形を細かい平面型の集合体とみなして分解する。そして個々の平面ごとにレーダー反射を計算して、その結果を合成することで対象物全体のレーダー反射を割り出す。この辺の考え方は、有限要素法※4による強度計算と似たところがある。

ということは、できるだけ細かい平面に分割する方が精度が上がるはずだが、その分だけ計算量が増えてしまう。F-117Aが機体の表面を平面の集合体にしてしまったのは、当時のコンピュータの能力では、こうでもしないとデータ量が膨大になりすぎて、計算ができなかっ

1980年代のステルス戦闘機F-117A（左）と1990年代のステルス爆撃機B-2A（右）。コンピュータの処理能力向上が、空力的に優れた曲面構成の外形を実現した。ただしいずれも操縦はフライ・バイ・ワイヤによる

たからだ。

　その後のF-22AやB-2AやF-35は曲面構成の外形を持っているが、それはコンピュータの処理能力向上による部分が大きい。おかげで、空力的な不利につながらない滑らかな機体形状、あるいは搭載する機器や兵装に合わせた凸凹があっても、ステルス性を妨げない機体形状を実現できた。

艦艇ステルス化の難しさ

　ここまでは飛行機の話を書いたが、艦艇でも同じである。ブツが大きいだけに、ステルス設計を取り入れても「完全にレーダーに映らない」とはいかない。しかし、レーダーによる探知を多少なりとも妨げることができれば、敵の航空機や対艦ミサイルによる脅威を減らす役に立つ。飛来する対艦ミサイルが搭載するレーダーに対して、自艦を“小さく”見せることになるからだ。

　ただし、ステルス性を持たせるだけでなく、「フネ」としての機能、「軍艦」としての機能は維持しなければならない。たとえばの話、錨があると艦首の側面が凸凹するから止めましょう、とはいえない。錨がなければ錨泊ができない。

海上自衛隊の護衛艦「あさひ」。船体の側面と上部構造の側面がそれぞれ傾斜しているが、これは側方からのレーダー電波を上下に逸らす狙いによる。また、上部構造の傾斜角が揃えられているところに注意

※5：コルベット
水上戦闘艦のうち、駆逐艦よりも小型のもの。

※6：船舶自動識別システム
一定以上のサイズの艦船が装備を義務付けられている機器で、艦名（または船名）、現在位置、針路・速力、発地と着地などといった情報を電波に乗せて送信する。

フネとして必要な艤装品は維持しなければならないが、それがステルス設計の妨げになるのであれば、何かしらの対策が必要になる。つまり、形状に工夫をするとか、凹みの中に収容して蓋をするとかいう仕儀になる。実際、最近の海上自衛隊の護衛艦を見ると、岸壁に接岸した際の乗降に使用する舷梯、あるいは魚雷発射管など、従来はむき出しになっていた装備を、上構（上部構造）の内部に収納して蓋をする設計に変わっている。

それでも、ステルス機と比べるとステルス艦の方が、どうしても凸凹が残ってしまう。だから、レーダー反射の計算はその分だけ複雑なものになる。コンピュータに要求される処理能力も増えるだろう。

Koji Inoue

海上自衛隊における最新鋭の護衛艦もがみ型（写真は2番艦の「くまの」）。艤装品を構造物の中に収めて蓋をしているため、側面はノッペラボー。写真では、ハッチを開いて舷梯を外部に展開している様子がわかる

┃ レーダーには映っていないのにフネがいる!?

ステルス艦の話がでたところで、スウェーデン海軍の方に聞いた笑い話をひとつ。

スウェーデン海軍では、ヴィズビュー（Visby）級というステルス・コルベット※5を配備している。今では当たり前になったステルス設計の水上戦闘艦だが、その中でも嚆矢といえる存在である。自衛装備を載せようとしてもスペースと重量が限られる小型艦は、ステルス設計によって隠密性を高めて我が身を護ろうとする傾向が強い。

だからヴィズビュー級も、設計時期が早い割には徹底したステルス設計を講じていた。そして、そのヴィズビュー級が航海に出たときのこと。戦闘任務中ではないので、船舶自動識別システム※6（AIS：Automatic Identification System）を作動させて、自艦の存在を周囲に“広告”していた。

だから、周囲にいる他の行合船がAIS受信機を作動させていれ

ば、画面上にヴィズビュー級に関する情報も現れる。ところがヴィズビ
ュー級はステルス設計なので、レーダーにはハッキリと映らない。
「レーダーに映っていないフネがAISの画面上に現れた！」といって、
ちょっとした騒動になったそうだ。

　そこで同級はその後、上構後部の左右に2本ずつ、円柱状のレー
ダー・リフレクター[7]を取り付けてレーダー反射を生み出すようにし
た。そういえば、F-22やF-35も平時のフライトでは、胴体の上面また
は下面、あるいは上下双方に、レーダー反射を増やすRCS[8]（Ra-
dar Cross Section、レーダー反射断面積）エンハンサーを取り付け
て飛んでいる。RCSエンハンサーには、自機の存在を周囲に把握し
てもらうだけでなく、ステルス性能のほどを隠蔽する意味もある。

Koji Inoue

ヴィズビュー級の3番艦、ニーショー
ピング（Nyköping）。造船所で整
備中なので、上構に作業用の櫓が
組まれている。上構後部の側面に
あるレーダー・リフレクターが見える
だろうか？

USAF

F-22の胴体下に飛び出した小さ
な物体が、RCSエンハンサー。ハン
マーのような形をしている。戦時の
「本番」では、もちろん取り外す

ステルスを破る技、カウンター・ステルス

　有名な故事のひとつに「矛と盾」の話があるが、ステルス技術も例
外ではない。一方が「レーダーやソナーで探知されにくくする技術」
を開発すれば、他方は「探知されにくくする技術を打ち破る技術」を
開発する。

というわけで、後者、すなわちカウンター・ステルス技術の話も取り上げよう。

実は、「探知されない技術」だけでなく「探知するための技術」を開発するためにも、ステルス性を備えた実験台がある方が好ましい。そもそも、ステルス技術を打ち破ろうとするには、まずステルス技術のことを知らなければならない。敵を知らず、己を知らず、では勝てない。

逸らすなら、そちらで待とう、レーダー波

対レーダー・ステルス技術のひとつに、レーダー電波を明後日の方向に逸らす手法がある。「飛んできた電波が反射して、発信源の方に戻っていくから探知されるのであって、明後日の方に逸らしてしまえば発信源の方に戻らないから探知不可能」という考え方だ。

しかし、そうすると今度は「それなら、明後日の方に受信用のアンテナと受信機を置いておけばいい」という考えが出てくる。その受信用のアンテナをひとつ設置する場合にはバイスタティック探知、複数設置する場合にはマルチスタティック探知という。

探知目標が動いている場合、発信源と探知目標の位置関係は時々刻々変化する。だから、反射波が逸らされる方向も時々刻々変化する。そこで、反射波が反らされる場所に都合良く受信用のアンテナを置いておけるかどうかは、多分に運任せという話になってくる。すると、バイスタティック探知では探知できる可能性が低くなってしまうので、複数の受信用アンテナを設置するマルチスタティック探知の方が良いと考えられる。

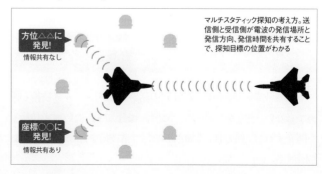

マルチスタティック探知の考え方。送信側と受信側が電波の発信場所と発信方向、発信時間を共有することで、探知目標の位置がわかる

しかし、口でいうだけなら簡単だが、バイスタティック探知やマルチスタティック探知を使い物になる形で実現するのは、意外と難しそうである。

　普通のパルス・レーダーは、電波のパルスを出したら、しばらく送信を止めて聞き耳を立てる。つまり間欠的に電波を出している。そうすれば、反射波を受信したときに「いつ、自身が発射した電波の反射波なのか」が分かるので、電波の往復に要した時間が分かり、距離を計算できる。

　ところが、これが成立するのは送信機と受信機が同じところにあるからだ。それらが別々のところにあるバイスタティック探知やマルチスタティック探知では、受信用アンテナの側では唐突に電波（の反射波）がポンと入ってくることになる。それでは、電波が入ってきた方位しか分からない。

　ちゃんとした探知を成立させるには、「どこにある送信用アンテナが」「いつ送信した電波なのか」という情報が必要になる。ということは、バイスタティック探知やマルチスタティック探知を成立させるには、送信側と受信側がネットワークを組んで、情報をやりとりできるようにする必要がある。

　つまり、送信側が「いつ、どちらの方向に向けて電波を出しました」という情報と、そのときの自身の位置に関する情報を送る。受信側で、その後に何か反射波を受信した場合、先に受け取っておいた送信側の情報、それと受信用アンテナの位置に基づいて、探知目標の位置を計算する。

　送信側から直接来た電波であれば、その電波の入射方向は送信側の方位と一致する。しかし、何かに当たって反射した電波であれば、その電波の入射方向は送信側の方位とは一致しない。そして、送信側の位置、受信側の位置、受信側における電波の入射方向が分かれば、この三者を頂点とする三角形を描き出すことができる。そこで送信のタイミングと受信のタイミングが分かれば、電波の伝搬に要した時間が分かるので、描き出した三角形のサイズを割り出すことができる。

　つまり、バイスタティック探知やマルチスタティック探知を成立させる場面でもまた、情報通信技術は不可欠な存在となる。データのやり

とりや計算処理が不可欠になるからだ。

ちなみに、この方法はレーダーだけでなくソナーでも使われている。海上自衛隊の護衛艦や米海軍の駆逐艦では、マルチスタティック探知に対応したソナー・システムの導入が進んでいる。

周波数を下げてみよう

もうひとつの方法として、周波数が低いレーダーを使用する手がある。

航空機にとって最大の脅威は、探知目標を捕捉・追尾して交戦のための諸元を割り出す射撃管制レーダーや、ミサイル誘導レーダーである。いずれも高い分解能が求められるため、周波数は高めだ。

そこで、対レーダー・ステルスを適用する際には、射撃管制レーダーやミサイル誘導レーダーが使用する、高めの周波数帯に最適化させた設計とするのが一般的。裏を返すと、それより低い周波数の電波が相手になると、対レーダー・ステルス技術の効果が落ちる可能性がある。

携帯電話でもそうだが、周波数が低い電波の方が回折が起こりやすい。つまり障害物の陰まで電波が回り込みやすい傾向がある。周波数が低い電波を使用するレーダーは、この回折現象の影響を受けやすい。それが結果として、レーダー電波の反射を増やして探知につなげられる可能性がある。

そんなこんなの事情により、周波数が低いレーダーはステルス機の探知に向いているという考え方ができた。ロシアや中国ではVHFレーダーがいろいろ作られているし、アメリカでもE-2ホークアイ早期警戒機は昔からUHFレーダーを使用している。

なお、VHFやUHFを使用すると、減衰[※9]が少ないので探知距離が伸びる利点もある。その代わり、周波数が低いレーダーは分解能が低くなる傾向がある。すると、距離の算定が大雑把になったり、密集して飛行する複数の航空機を単一の目標と見誤ったり、といった事態につながる可能性が高くなる。だから、単に「VHFレーダーやUHFレーダーがあれば、ステルス機を探知できる」という話にはならない。低い周波数のレーダーで、できるだけ高い分解能を実現しな

ければ、交戦の役には立たないのだ。

　E-2シリーズの最新型、E-2Dアドバンスト・ホークアイが「ステルス・ハンター」という異名をとっているのは、分解能の面では不利なUHFレーダーを使用しつつ、そのUHFの電波に対するシグナル処理の工夫によって探知能力を上げているからだ。単純に「UHFレーダーだからステルス・ハンター」といっているわけではない。

　そしてシグナル処理とはすなわち、コンピュータで受信した電波を解析・処理して探知目標からの反射波を拾い出す作業のことである。その処理を実現するためのソフトウェアとシグナル処理ロジック、そしてソフトウェアが要求する処理能力を実現できる性能を備えたコンピュータがあって初めて、「UHFレーダーを備えたステルス・ハンター」が実現する。

早期警戒機E-2Dアドバンスト・ホークアイ。見た目は従来のE-2Cとほとんど変わらないが、レーダーが新形化されて探知能力が向上した。E-2シリーズは一貫してUHFレーダーを使用している

COLUMN 02

対レーダー・ステルス以外のステルス

　本文中でも少し言及したように、対レーダー・ステルス以外のステルス技術もある。たとえば潜水艦では、アクティブ・ソナーで探信された場面に備えた「対ソナー・ステルス」があり、音波を吸収する素材で艦の表面を覆うとか、音波を別の方向に反らす形状にするとかいった工夫がなされている。

　ところが同じソナーでも、パッシブ・ソナーが相手になると、シンプルに（かつ困難なことだが）「音を出さない」対策を講じる。そこは赤外線ステルスも似ていて、たとえばエンジン排気に外気を混ぜて冷やすようなことをする。

　可視光線はどうか。強いて挙げれば迷彩が該当するが、これは「背景に溶け込ませて区別しにくくする」というアプローチであり、対レーダー・ステルスとも、赤外線ステルスとも考え方が違う。透明人間も透明飛行機も、現実には成り立たない。

　各種ステルス技術は、いずれも「探知を困難にする」という目的こそ同じだが、実現するためのアプローチはそれぞれ違いがあるわけだ。

JMSDF

海上自衛隊の潜水艦「こくりゅう」。船体の表面に見える格子は、びっしり貼り付けられた無反響タイル。セイル（胴体から上へ突き出した部分）が上すぼまりなのは、探信音を発信源に返さないようにするため

可視光線におけるステルスは、電磁波（光）を逸らしたり、吸収したりするよりも、背景に溶け込んで敵の目を欺くというアプローチである

第4部
次期戦闘機とソフトウェア

本書の初めの方でも言及したように、
今の防衛装備品はコンピュータ制御の部分が多いから、
コンピュータを動かすためのソフトウェアが成否を握る。
ところが、ハードウェアは目に見えるからとっつきやすい一方で、
目に見えないソフトウェアはとっつきにくい印象がある。
とはいえ、ソフトウェア制御について理解しておかないと、
防衛装備品に関する理解も成り立たない。
そこで、我が国における将来戦闘機開発の話を引合いに出しつつ、
戦闘機とソフトウェアがどのように関わってくるかという話を取り上げてみる。

次期戦闘機① 現代戦闘機はソフトウェアで動く

　航空自衛隊で使用しているF-2戦闘機の後継機《次期戦闘機》について、ここ何年かにわたって「ああでもない、こうでもない」と、さまざまな声が上がったり、動きが生じたりしていた。「我が国主導で」との声がいろいろあったものの、最終的にはイギリス、イタリアと組んで共同開発する話がまとまった。

新戦闘機を開発する際の、ありがちな考え方

　F-2後継機に限らず、新しい戦闘機や艦艇や装甲戦闘車両などを開発・配備するときには、「現用中の装備を上回る性能」「仮想敵国の装備を上回る性能」といったことを考えるのが普通である。無論、能力的に見劣りするものを、わざわざ費用と時間をかけて開発・配備するのは筋が通らない。

　これは今に始まった話ではなくて、昔も同じだった。太平洋戦争の

2035年以降の実用化をめざし、イギリス、イタリアとの共同開発がはじまった次期戦闘機のイメージ図

後半になって、帝国海軍で使用していた零式艦上戦闘機が米陸海軍の戦闘機と比べてどうも旗色が悪い、となったときに、「米海軍のF6Fヘルキャットに勝てる改良型を作れ」となったのが分かりやすい事例だ。実際に勝てる改良型ができたかどうかは、また別の問題であるけれど。

　ここでのテーマは戦闘機だから、戦闘機の性能という話について考えると、どうなるか。一般的にパッと思いつく要素は、以下のようなところだろうか。

●機動性

●ステルス性。レーダー反射断面積（RCS）の小ささともいえる

●ミサイルをはじめとする兵装の搭載量

●レーダーの探知可能距離

●航続距離

「最高速度」を挙げる人も出てきそうだが、実のところ、戦闘機が最高速度で飛ぶ時間は限られているし、最高速度で飛んだらアッという間に燃料タンクが空になる。そして、加速力や機動性の方が大事というのが目下の認識なので、これはおいておくことにする。

　もちろん、あらゆる分野の性能要素で想定脅威（今の日本なら、成都J-20やスホーイSu-57あたりか）を上回る機体を、欧米の同クラス・同世代の機体よりも安価に、しかもすべて国産技術で作ることができれば万々歳だ。しかし、そんなことができるのはたぶん、神様だけである。

ロシアの新型戦闘機スホーイSu-57。ステルス性があるといわれている

中国の新型戦闘機J-20（殲20）。実戦部隊への配備が進んでいるといわれている

額面上の性能だけ気にすればいいのか

先に挙げた諸要素はいずれも、機体を構成するハードウェアの問題といえる。たとえば、機動性を高めるには、翼面荷重（機体の重量を主翼の面積で割った数字）や、推力重量比（機体の重量をエンジン推力で割った数字）など、さまざまな要因が関わってくるが、なんにしてもハードウェアの話である。

実際、防衛装備庁では、機体やエンジンに関わるさまざまな技術開発成果をアピールしている。それと比べると、ソフトウェアの話があまり表に出てこないのはどうしたことか、というのがIT屋としての私の偽らざる感想である。表に出てこないだけで、見えないところでは何かやっているかも知れないにしても。

本章の冒頭でも書いたように、いまどきのウェポン・システムではソフトウェアの重要性が高まっているのが一般的な傾向である。しかも、ソフトウェアによって左右される部分の話は諸元表の数字としては現れにくい。つまり、パッと見ても差が分からないのだが、それにもかかわらず大事な話である、という状況になっている。

たとえば、操縦翼面を作動させるのに、飛行制御コンピュータを介するフライ・バイ・ワイヤ（FBW）を用いるのは当節の戦闘機の常識だ。だが、そのFBWをコントロールするのはソフトウェアである。先にF-35のところで書いたように、ソフトウェアの改良によって飛行領域の限界が引き上げられた、なんていう事例もある。ただし、これは正確にいうと、最初は余裕を持って低めにしていたものが限界いっぱいになった、という話だが。

戦闘機好き同士が「レーダーの探知距離が長い、短い」などと諸元表片手に口角泡を飛ばし合うのはよく見られる図だが、そのアクティブ・フェーズド・アレイ・レーダーでも、探知能力を左右するのは制御用のソフトウェアである。ソフトウェアの改良によって不具合を解消したり、探知能力を高めたりといったことは普通に起きている。

それに、レーダーをはじめとする各種センサーから得た探知情報を、処理・融合・整理してパイロットに提示するのもまた、ソフトウェアの仕事である。以前にF-35関連の話題として取り上げた、センサー融合・データ融合機能のことだ。いくら性能のいいセンサーがあっ

※1：TR
テクノロジー・リフレッシュの略。
F-35が搭載するコンピュータなど
のハードウェアについて、TR2と
かTR3といった具合に、世代を
示す目的で使われる用語。

ても、その情報を有効活用できなければ役に立たない。そして、セン
サーで得た情報を有効活用するためには、センサー融合やデータ融
合のような仕組みが不可欠だ。

　自衛用の電子戦システムにしても、ハード的な妨害能力だけでな
く、それを制御するソフトウェアは死活的に重要となる。脅威の存在
を知り、識別した上で、どういう対処手段を用いるのが最善かを判断
して実行する部分を受け持っているからだ。いくら性能のいい妨害装
置があっても、使い方を間違えたのでは話にならない。

センサー融合・データ融
合機能を駆使して戦術
状況図を生成・表示する
機能は、ソフトウェアなし
では成立しない

ハードウェアとソフトウェアは車の両輪

　もちろん、「コンピュータ、ソフトなければただの箱」であると同時
に、ソフトウェアにしても、それを走らせるためのハードウェアあっての
ものだ。

　イージス戦闘システムでもF-35でも、ハードとソフトの両方を定期
的に更新する体制を組んでいる。面白いのは、どちらもハードウェア
とソフトウェアを同時にメジャーバージョンアップするのではなく、タイ
ミングをずらしていること。こうすることで、何か不具合が発生したと
きの原因探求を容易にする狙いがあるのだという。だからF-35では、
まず現行のTR2※1仕様機で動作するブロック4ソフトウェアを開発し
て、それを新しいTR3仕様機に載せ替えるやり方を取っている。

　ハードとソフト、どちらか一方だけでは成立しないのだが、少なくと
も将来の戦闘機（だけでなく、ウェポン・システム全般）において、
ハードウェアとソフトウェアは車の両輪であり、ハードウェア偏重では
マズい。自分がIT屋だからいうのではなくて、実際にそういう御時世
になっているから、そこを強調しているのである。

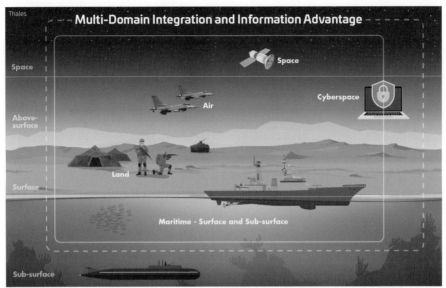

フランスのタレス社が描いた、複数領域(マルチドメイン)をカバーした情報通信のイメージ図。ここに描かれた「陸」「海」「空」「宇宙」「サイバー」に加えて、さまざまなシーンで用いられる「電磁波」が攻撃・防衛の対象となる6つのドメインだ

※2:マルチドメイン
ドメインとは「領域」のこと。軍事分野では、陸、海、空、宇宙、サイバー空間といった、各種の戦闘空間を指す。

※3:ハイブリッド戦、領域横断
複数の戦闘空間において個別に交戦を仕掛けるのではなく、複数の戦闘空間にまたがり(つまり領域横断)、組み合わせた形で交戦を仕掛ける手法。

次期戦闘機とマルチドメイン作戦

　近年、「マルチドメイン※2作戦」「ハイブリッド戦※3」「領域横断※3作戦」といった言葉が、軍事業界のホット・ワードになっている。

　戦史を紐解いてみると、もちろん武力紛争の最初の舞台となったのは「陸」である。人間は陸上に棲息している生き物だから、必然的にそうなる。ところが、船を手に入れたことで「海」が、飛行機を発明したことで「空」が、新たな戦闘空間(ドメイン)として登場した。第一次世界大戦から20世紀の半ばまでぐらいは、だいたいこの陣容で推移してきた。

　ところが、20世紀の後半から、新たな戦闘空間が加わる、あるいはその萌芽が芽生える、といった状況が現出した。

　まず第二次世界大戦のときに、レーダーと指揮管制の仕組みを組み合わせた防空システムが出現した。これは、夜間爆撃への対処が主な目的といえる。夜間には目視による探知・接敵が困難だからレーダーを使う必要がある。しかも、地上に設置したレーダーで把握した敵情に基づいて迎撃戦闘機を差し向けるために、戦闘機に対する指

揮・誘導の仕組みが必要になった。それを確実に行うためには、指揮官が敵情を把握するための仕組みも必要になる。それが防空システムとして具体化したわけだ。

　すると今度は、地上設置あるいは夜間戦闘機が搭載するレーダー、そして指揮管制の神経線である無線通信を妨害する対抗策が編み出された。ここで新たに「電子戦」という概念が登場したわけだ。第二次世界大戦の後になって、さまざまな誘導武器が普及・発達したため、これも妨害の対象に加わり、「自衛のための電子戦システム」が海空で広く用いられることとなった。

　そして、各種のウェポン・システムのみならず、軍民を問わずさまざまな分野でコンピュータとネットワークが使われるようになった。コンピュータとネットワークを活用することで、従来には実現できなかったような便利な機能を実現したり、従来からあった機能のパワーアップが実現したりした。結果として社会のさまざまな部分がコンピュータとネットワークに依存するようになった。するとそれは、敵対勢力にしてみれば魅力的な攻撃目標となり得る。かくして「サイバー空間」という戦闘空間が加わることとなった。

　そして「宇宙」である。人工衛星という新たなデバイスを手に入れたことで、通信の中継や（仮想）敵国の頭上からの偵察、測位システムなどといった用途が編み出された。これらも有用な存在であり、敵対勢力から見れば魅力的な攻撃目標となる。

　こうしたさまざまな戦闘空間を、単にズラッと並べるだけで、「マルチドメイン」「領域横断」になるわけではない。さまざまな戦闘空間における行動を、相互に連携させてシナジー効果を発揮させなければならない。それがあって初めて「マルチドメイン」「領域横断」になる。

　次期戦闘機も、単に「航空機」としての良し悪しだけでなく、そういう文脈の中で見ていかなければならない。さまざまな戦闘空間を一元的に扱う情報システムを構築して、すべての資産をネットワーク化する。次期戦闘機もそうした枠組みの中に組み込んで、敵と交戦する「シューター」として機能するだけでなく、自機が搭載するセンサーで情報を得て送信・共有する「センサー」としての機能も果たすことが求められる。すでに、F-35はそういう戦闘機として開発・改良が進められている。

次期戦闘機に求められる柔軟性

現在、米軍ではJADC2(Joint All Domain Command and Control、統合全領域指揮統制。ジャッドシーツー)という旗印を掲げているが、これはまさに前述した考え方を敷衍したもの。すべての戦闘空間を対象とする一元的なネットワークを構築して、多数のセンサーとシューターを広い範囲にわたって分散展開する。そして、さまざまな戦闘空間に属するセンサーから上がってきた情報を基にして、いち早く状況を把握するとともに、脅威に対処するために最適なシューターがどれかを判断して交戦の指令を飛ばす。

すべての戦闘空間を一元的に扱い、データ処理に人工知能 (AI：Artificial Intelligence) も活用することで、意思決定の優越を実現して敵に対して先手を取る。差し向けるシューターは、必ずしも脅威と同じ戦闘空間に属するものとは限らず、「最適または最善である」と判断すれば、異なる戦闘空間に属するものを差し向けることもあり得る。それを実現するためにも、一元的なネットワークは不可欠となる。

ただし、そこで使用する装備は、一切合切がJADC2のために新規開発する案件というわけではない。むしろ、既存の装備についてもJADC2の考え方に対応できるように改善を図る。今はJADC2の旗印を掲げているから、こういう流れになっているが、将来、新たな戦闘概念が出てくれば、また手持ちの装備をそれに適応させていくことになるのだろう。

すると、さまざまな戦闘空間で使用するウェポン・システムの側では、状況や運用構想の変化に対応できる発展性を持たなければならない。そのことを考慮すると、ハードウェアでさまざまな機能を作り込んでしまうよりも、ソフトウェア制御にしておく方が好都合だ。

もちろん「コンピュータで制御されるウェポン・システムだからソフトウェアは不可欠」は真理だ。しかしそれだけではなく、「ソフトウェア制御にしておくことで、後日の改良・発展を容易にする柔軟性を実現できる」という一面も無視してはならない。これは次期戦闘機についてもいえること。筆者が本セクションを独立して立てた理由は、そこにある。今の戦闘機において、ソフトウェアがどんな分野でどの

ように使われているか、そのことを基本知識として知っておいて欲しいからだ。

次期戦闘機② センサー/データ融合について

　次に、「戦闘機に求められる能力（capability）を実現するために、ソフトウェアがどんな仕事をしなければならないか」という話を取り上げてみる。

　なにも戦闘機に限らず、情報システムのアーキテクチャやソフトウェアの設計では、やはり「求められる能力をいかにして実現するか」をやっているのではないだろうか。

センサー融合とソフトウェア（点の場合）

　筆者は「センサー融合」（sensor fusion）を、「同じプラットフォームが装備する複数のセンサーから得た探知情報を、別々の画面でバラバラに表示するのではなく、ひとつの画面に統合して提示する機能」と定義している。

　戦闘機の場合、自ら能動的に捜索する手段としてのレーダーと、受動的に捜索する手段としてのレーダー警報受信機（RWR）またはESM（レーダー逆探知手段）がある。レーダーの探知情報は、画面上にブリップ（輝点）の形で現れる。数値データとしては、「方位、距離、俯仰角※4」である。一方、RWRやESMはパッシブ式のセンサーで、距離は分からないから、得られるのは方位線だけである。センサーの配置によって、平面的な方位（俯仰角が分からない）になる場合と、立体的な方位（俯仰角も分かる）になる場合がある。

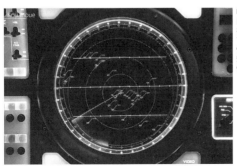

レーダーの探知情報は、自身を中心とする相対的な情報（方位と距離）として得られる。自己位置の情報を加味しないと、探知目標の絶対的な位置情報は得られない

なんにしても、自機からの相対的な向きに基づくところは共通だから、レーダーの探知情報と、RWR/ESMの探知情報を融合する処理は、まだしも易しい部類と思われる。

ただし、「レーダーが55度の方向・100海里（185.2km）の距離で探知した目標」と、「ESMが55度の方向で探知したレーダー電波発信源」は、同一目標とみなせる……とは限らない。同じ方位に複数の「誰かさん」がいるかも知れないからだ。だから、RWRやESMは単に「電波が来ています」だけでなく、その電波の発信源を識別する仕掛けを持たなければならない。

たとえばの話、戦闘機搭載レーダーの電波だと識別できれば、それを地対空ミサイル・システムの捜索レーダーとゴッチャにする危険性は避けられる。センサー融合を行うソフトウェアは、そういう判断まで求められるのだ。単に数字だけ見て、重ねてしまえば一丁上がり、では済まない。

┃センサー融合とソフトウェア（映像の場合）

その他のセンサーとして、映像を得る手段となる電子光学センサーと赤外線センサーがある。F-35が装備する全周視界装置・AN/AAQ-37 EO-DASも、この仲間となる。

「映像なら、融合の対象にはならないのでは?」と思いそうになるが、さにあらず。映像情報にレーダーやESMの情報を融合する使い方は考えられる。たとえば、EO-DASの映像にレーダーやESMの情報を重畳すれば、「パイロットが見ている方向に存在する探知目標に関する情報を、映像に重ねて出す」なんていうことが可能になる。映像だと「なにかの飛行機」あるいは「点」にしか見えなくても、それが出しているレーダー電波の情報を手がかりにして機種まで把握できればありがたい。敵機の機種が分かれば、対処方法を考える際の役に立つ。

EO-DASの場合、パイロットの頭の向きに合わせて、適切な映像を生成してリアルタイム表示しなければならない。ということは、頭の向きをセンシングするところも、映像を生成して表示するところも、迅速かつ精確な処理が求められる。処理が遅ければ仕事にならない

のだ。900km/hで飛んでいる飛行機は、1秒間に250m移動する。ということは、処理が1秒遅れれば、位置情報が250mずれたセコハン※5の情報になってしまう。

　実際にどこまでの誤差が許容されるかは、現場の人間ではないから判断いたしかねるが、ズレが少ない方がいいに決まっている、というぐらいのことは分かる。

データ融合とソフトウェア

　次は「データ融合」(data fusion)だ。筆者はこちらを、「自前だけでなく、他のプラットフォームが装備するセンサーから得た探知情報も含めて、別々の場面でバラバラに表示するのではなく、ひとつの画面に統合して提示する機能」と定義している。

ボーイングが2010年に日本でデモした、F/A-18用先進コックピットのデモンストレータの画面。多種多様なセンサーから得た情報を、単一の画面にまとめて分かりやすく表示するのは不可欠の能力だ

　当然、こちらの方が難易度が高い。先に書いたように、レーダーにしろRWRにしろESMにしろ、得られる情報は相対的なものだ。つまり、自身を基準点とする方位や距離である。外部から入って来る情報の場合、こうしたデータを単純に列挙しても、融合はできない。位置合わせの基準がないからだ。

　データ融合を行うためには、すべてのデータについて、探知を担当するセンサー(を搭載するプラットフォーム)の絶対的な位置情報を出す必要がある。地上設置のレーダーなら位置は固定だが、航空機や艦艇に搭載するレーダーだと位置が時々刻々変わるから、それだけ話が難しくなる。

　ともあれ、プラットフォームの位置が分かれば、そこを起点として方位線を所定の距離まで引くことで、探知目標の位置も幾何学的に計

※5：セコハン
英語の"second-hand"が語源で、要するに「中古」あるいは「古い」といった意味。

※6：クラウドとエッジ
いわゆるクラウド・コンピューティングにおいて、インターネットのようなネットワークを通じた向こう側でデータの保管や処理などを行うのが「クラウド」。それに対して、実際にデータが発生する側のことを「エッジ」という。たとえば、センサーで得た生のデータをそのまま、まるごとクラウド側に送るとデータ量が膨大になってしまうので、事前に処理や篩い分けを行うのが、エッジ処理の一例。こうすることでネットワークやクラウド側の負担を軽減できる。

算できる理屈となる。その辺の考え方はRWRやESMも同じだが、先に書いたように、これらは方位しか分からない点が異なる。

では、融合処理を行うために、プラットフォーム相互間で交換するデータはどうするか。2種類の方法が考えられる。

●個々のプラットフォームの位置情報と、個々のプラットフォームが探知した目標の方位と距離に関する情報をまとめてやりとりする

●個々のプラットフォームで探知目標の位置まで計算してから、それをやりとりする

前者だと、データを送り出すプロセスは迅速になるが、やりとりするデータ量が増えるし、受け取った側で融合処理を行う前に計算する仕事が増える。後者だと、データを送り出すプロセスには余分な時間がかかるが、受け取った側は位置情報を重畳すれば済むから、融合処理は速くなる。何を重視するかで、どちらを選択するかが決まってくるのだろうが、個人的には後者が合理的と考えている。

戦闘機に限らず、他の航空機でも艦艇でも、航法のために高精度の測位システムを備えている。だから、自身の緯度・経度・高度は常に分かる。それなら、その情報を使って探知目標の絶対位置まで割り出してしまう方が話が楽だ。すると、絶対位置まで割り出してからやりとりする方が好ましい。コンピュータの処理能力はどんどん向上していることでもあるし。

こういった、「同じ結果を得るために、どこでデータを処理してどういうデータをやりとりするか」という問題は、ネットワークを介してデータをやりとりする情報システムの開発において、往々にして直面している話ではないだろうか。クラウドとエッジ※6の関係にも通じるところがありそうだ。

次期戦闘機③ CNIと搭載兵装の話

これまでは戦闘機に求められる能力（capability）のうち、状況認識（SA）に関わるセンサー融合とデータ融合機能について、ソフトウェアの観点から書いた。ここでは、その他の状況認識関連機能、それと搭載兵装に関わる部分について取り上げてみる。

CNIとソフトウェア

　まず、最初のお題は、すでに何回も出てきている通信・航法・識別（CNI）である。

　具体的なデバイスでいうと、口頭でのやりとりを行う無線機、データリンク機器、GPSや慣性航法装置[※7]（INS：Inertial Navigation System）のような航法関連機器、そしてIFFのような敵味方識別機器である。こうして並べてみると、なんだか関連性が薄いものを一緒くたにしているように見えるが、電波やコンピュータが関わるところは共通性がある。F-35のように、これらのサブシステムをひとまとめにして「CNIシステム」として扱っている機体もある。

　まず無線機とデータリンク機器について。いずれも無線を用いる通信機であり、相違点は、対象が音声かデータかというところ。しかし当節ではどちらにしても、まずデジタル化した上で変調を行い、電波にデータを載せている。デジタル化してしまえば、音声だろうが動画だろうが敵味方の位置情報だろうが、どれもビット列[※8]である。

　ただ、通信には相手がいる。通信を行う双方の当事者が同じ周波数、同じ変調方式、同じ符号化方式を用いていなければ、通信が成立しない。いきなりすべてを最新鋭の戦闘機に総取り替えするわけにはいかないし、同盟国との連合作戦もあり得る。となれば最新鋭のプラットフォームだけでなく、古いプラットフォームと通信を行う場面も出てくる。つまり、多様な相互接続性・相互運用性が求められるということだ。

　また、動画のやりとりみたいに負荷が高い通信がある一方で、音声交話みたいに負荷が低い通信もある。前者に合わせた通信仕様で、あらゆる通信に対応するのではオーバースペックになるし、逆なら能力不足になる。やはり「適材適所」である。

　結果として、新旧取り混ぜた複数の通信方式に対応する必要が生じる。それだけでなく、新しい技術が出てきたときに、それに対応する必要もある。そこで最近、ソフトウェア無線機（SDR）を使用する事例が増えているのは、これまでの章でも書いた通りだ。ソフトウェア無線機なら、新たな通信技術が開発されたときでも、ソフトウェアの変更だけで対応できる（と、期待できる）。その代わり、ソフトウェアの開発・

※7：慣性航法装置
加速度を時間で2回積分すると、移動距離が分かる。その計算を前後方向・左右方向・上下方向について個別に行い、結果を合成することで、起点からの移動方向と移動距離を知る装置。外部の情報に頼らなくても測位できるのが利点だが、最初に起点の位置を正しく入力する点が肝要。

※8：ビット列
デジタル化した情報を構成する、「1」と「0」の並びのこと。

※9：GNSS
全球測位システムGPS（Global Positioning System）をはじめとする、各種の衛星測位・測時システムの総称。

※10：鍵情報
暗号化に際して使用する、個々のユーザーや通信ごとに変える可変要素のこと。

※11：公開鍵基盤
暗号化通信で使用する鍵情報を正しく生成・保管・配布するためのシステム。

※12：インテロゲーター
IFFで誰何を担当する機器のこと。

※13：トランスポンダー
IFFインテロゲーターからの誰何を受けて、応答を返す機器のこと。

※14：対領空侵犯措置
平時に、自国の領空に正体不明の航空機が入り込まないようにする任務。レーダーによる監視と、正体不明機を捕捉した場合に戦闘機を発進させて退去を促したり随伴監視したりする活動で構成する。

試験能力がモノをいう。

通信だけでなく、GPSのようなGNSS※9（Global Navigation Satellite System）、そしてIFFにもいえることだが、秘匿性を持たせたり、業界関係者だけが使えるようにする目的で、暗号化を施す場面が多いのが軍用品だ。暗号化も当節ではデジタル・データを対象とするものであり、なにがしかの暗号化アルゴリズムに、ユーザー固有の鍵情報※10を組み合わせて実現する。したがって、民間だけでなく軍事分野でも、公開鍵基盤※11（PKI：Public Key Infrastructure）の構築が必要になる。これもまた、ソフトウェアが関わってくる領域である。PKI自体は民間とも共通する技術だから、資料は豊富であり、ここで細かく述べるまでもないだろう。

最後にIFF。軍用機ではIFFというが、民間機では二次レーダー（secondary radar）と呼ぶことが多い。これは、レーダーに併設したインテロゲーター※12が、探知目標に対して電波を使って誰何すると、当該航空機が備えるトランスポンダー※13が応答するというものだ。

IFFや二次レーダーを使用する際には、事前に識別コードを設定しておく。民間機の場合、フライトプランを航空管制当局に提出した時点で、それと紐付ける形で識別コードの割り当てを受けるので、「○○航空の△△便なら二次レーダーの識別コードは××」という具合に、関係が明確になっている。だから、インテロゲーターが誰何して、トランスポンダーが「××」というコードで応答してくれば、「○○航空の△△便」だと分かる。

軍用機も考え方は似ており、任務計画を立案して自国軍機を出動させる時点で、IFFトランスポンダーにセットする識別コードを決めておく。だから、事前に取り決めたものと同じ識別コードによる応答があれば、それは友軍機だと判断できる。いいかえれば、IFFの識別コードを設定し間違えると、敵機と間違われて撃ち落とされるかも知れない！

すると、対領空侵犯措置※14に使用する対空捜索レーダーと、そこから得た情報を処理するシステムは、IFFや二次レーダーの識別コードに関する情報を得られなければならない。つまり、民間機なら航空管制当局の飛行データ管理システム、軍用機なら自軍の管制システムと連接して、識別コードの内容を照会する必要がある。すると、単

に両者を通信網で接続するだけでなく、照会や応答のためのプロトコル[15]、それとデータ・フォーマットを取り決めておかなければならないという話になる。

　特に相手が民間機の場合、軍とは異なる組織が管制業務を担当しているのが通例だから、異なる組織同士でシステムを連接して、照会やデータの受け渡しを行えるシステムを構築する必要がある。まさにシステム・インテグレーションの問題である。

搭載兵装とソフトウェア

　戦闘機が搭載兵装を使用する場合、ただ単にトリガーを引くとか、投下ボタンを押すとかいう簡単な話では済まない。誘導武器は発射や投下の前に、まず誘導のための仕掛けを正しく機能させる必要がある。

AIM-120空対空ミサイルを発射するF-35A。このときミサイルに与えられる目標情報は、ハードウェアとソフトウェアの共同作業でもたらされる

　昔は誘導制御をメカニカルに、あるいはアナログ電気回路で実現していたが、今は当然ながらデジタル化してコンピュータ制御としている。そうすると、コンピュータが正しい誘導を行うためには、正しく機能するソフトウェアと、そこに与える正しいデータが必要になる。

　たとえば、GPS誘導爆弾をどこかの地上目標に投下するのであれば、目標の緯度・経度を知り、それを誘導爆弾に送り込んでやらなければならない。空対空ミサイルや空対艦ミサイルでも同様に、位置情報を送り込んでから発射するケースがある。

　誘導そのものに関わる情報を発射時（または兵装搭載時）にプログラムしなければならない場合もある。たとえばセミアクティブ[16]・レーザー誘導の空対地兵装がそれで、複数の兵装が飛び交ってい

※15：プロトコル
コンピュータ・ネットワークの世界では、通信を成立させるための各種の約束事を指す。外交の世界では、儀礼や議定書を意味する。

※16：セミアクティブ
レーダー誘導の対空ミサイルでは、ミサイルは受信機だけを装備して、外部の送信機から目標に照射した電波の反射波をたどってミサイルを目標まで誘導する仕組みのこと。自ら照射した電波を使う場合は「アクティブ」。

※17：7階層モデル
コンピュータ同士が相互に通信しながらさまざまな機能を実現する際に関わる各種の構成要素を、7段階の階層にそれぞれ分けたもの。電線や電気信号に始まり、コンピュータ同士がやりとりする情報の記述ルールまでカバーする。

※18：MIL-STD-1760バス
GPS誘導の武器を航空機が搭載したときに、その武器に誘導のためのデータを送り込むために使用する専用通信回線のこと。

ても誘導用のレーザー・パルスが混信しないように、固有のパルス・コードを指定してやらなければならない。

レーザー誘導兵装では混信を防ぐために、パルス・コードの指定が必要になる。これはペーブウェイ誘導爆弾の側面に設けられた設定ダイヤル

　そんなこんなの事情により、機体側のセンサーやミッション・コンピュータと、搭載兵装が「会話」できなければ、仕事にならない。「会話」するためには、兵装ステーションのところまでデータ通信用の配線を引っ張っていって、兵装につながなければならない。もちろん、そこでは7階層モデル※17に基づき、下はコネクタの形状や電気的な仕様、上はプロトコルやデータ・フォーマットまで、規格化・標準化しておかなければ、「会話」が成立しない。そうした規格の一例として、GPS誘導兵装ではおなじみのMIL-STD-1760※18バスがある。

▌口でいうほど簡単ではないクラウド・シューティング

　防衛省の「次期戦闘機ビジョン」に「クラウド・シューティング」という項目があって、「とにかく撃てば誰かが誘導してくれて当たる」といっていた。実現すれば面白いが、当然ながら、発射する機体と誘

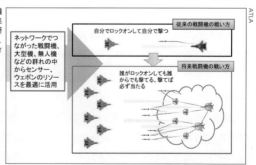

2010年に防衛装備庁が発表した『将来の戦闘機に関する研究開発ビジョン』から、「クラウド・シューティング」の概念図

※19：正規表現
異なる複数の文字列の集合を、ひとつの形式で表現する手法。たとえば「数字の0～9」を表現する記述のルールが定められている。これを用いることで、指示したパターンに合致する、（それぞれ異なる内容を持つ）文字列群を拾い出すことができる。

導する機体が別になる場面も出てくるわけだ。するとソフトウェア的な課題として、誘導を担当する機体とミサイルを、どうやって紐付けるかという問題が考えられる。

　最近では双方向データリンクを備えたミサイルが出てきているが、それらは普通、発射母機と一対一で紐付けるもの。それなら、識別情報をひとつセットすれば済む。しかし、「他の誰かが誘導してくれる」となると、それでは済まない。撃った後で「誰かが」誘導を引き継いでくれるとなると、誰が引き継ぐのか分からないから、事前に固定的なコードをセットする訳には行かないだろう。まさか正規表現[19]で指定する訳にも行くまい。

　また、同時に複数の味方機が同じミサイルの誘導制御を取ろうとしてコンフリクト（衝突）することがないように、調停する機能も要りそうだ。しかも戦場でのことだから、敵が妨害や乗っ取りを企ててくる可能性も考えなければならない。ニセの「誰かさん」に制御を乗っ取られないようにするにはどうすればいいか。

　この一事をもってしても、実現に際してのハードルはかなり高いように思える。しかも、モノを作ったらテストしなければならない。どういう条件を設定して、どこまでテストすれば完成だといえるのか。テストケースを作るのも大変そうだ。

　それに、敵機と味方機だけでなく、味方機が撃った空対空ミサイルが何発あって、それぞれがどこを飛んでいて、どこに向かっているか、という情報がなければ、適切な誘導が成り立たない。しかも動きが速い空中戦でのことだから、データ更新の頻度が低いと使い物にならない。この問題を解決するだけでなく、解決できたことを確認するためのテストも、とても大変なことになりそうだ。

次期戦闘機④ 適切に交戦に導くシステム

　続いてのお題は、戦闘機に求められる能力の中でも中核となる、「交戦」に関わる部分。要約すると、「武器を発射して何かを破壊する」ための機能である。ただし、発射するには前段階の作業があるのに、そのことを見落としている人が少なくないように思える。

敵機を見つけなければ格闘戦もできない

　戦闘機同士のドッグファイトというと、たいてい「敵機の後ろをとる」という話が出てくる。対進（互いに向かい合うように飛翔する状態）では彼我が接近する相対速度が高くなるので、その状態で空対空ミサイルを敵機に命中させようとすると、敵機の捕捉やミサイルの機動に求められるハードルが高くなる。ボヤボヤしていると「敵機に向けて旋回したけど間に合わない」ということにもなりかねない。

　それと比べると、後ろから追う方がマシ。相対的な角度や距離の変化が少なくなるから、その分だけ狙いを付けるのは容易になる（比較の問題だが）。だから、後ろをとる方がミサイルを命中させやすい、という考え方には理がある。これは機関砲を撃つ場合も同じだ。

　こんなことを書くのも何だが、これまで数多くの映画やアニメのテーマになってきたことでお分かりの通り、戦闘機同士の格闘戦は人の血をたぎらせるものがある。映画『トップガン』が大当たりして、とうとう数十年の時を経て続編が作られてしまったのは、たぶん、そういう理由もあると思う。

　しかし、だ。敵機の後ろをとるためには、まず敵機の所在と針路を把握しなければならない。格闘戦の重要性を喧伝する人は往々にして、その前段階である敵機の発見は「実現できているもの」という前提でものをいっているように思えるのだが。

　素人レベルの話だが、ジェット機の轟音が聞こえたときに空を見上げて、パッと轟音の元を見つけられるものだろうか？　よほど低いところを飛んでいる場合でもなければ、キョロキョロしてしまうのではないか？　音という手がかりがあってもこれなのに、戦闘機のパイロットは音に頼れない。目視と機上のセンサー群しか使えない。

　しかも、「後ろをとる」ためには、位置を把握するだけでは駄目で、進行方向も把握しないといけない。スピードが速いだけでなく、欺瞞塗装を施している相手だから、難易度はアップする。まして、これからは対レーダー・ステルス設計を取り入れた戦闘機が飛来すると考えなければならないから、さらに難易度は上がる。

　戦闘機同士の戦闘において、地上のレーダーサイト、あるいはAWACS機による管制が大事な理由は、そこにある。"神の目から"全

体状況を俯瞰して、その中で味方の戦闘機に状況を知らせるとともに最適な位置に誘導することは、戦闘機が有利に戦闘を行う上で重要な要素。それを無視して戦闘機単独の能力の話だけに落とし込んでも、正しい答えは出てこない。

　ステルス対策にしても、「カウンター・ステルス機能を備えたレーダーを戦闘機に積む」だけが解ではないだろう。そういうレーダーを外部に用意して、そこから情報をもらったっていいはずだ。

AWACS機に乗っている管制員が全体状況を俯瞰して適切な指令を出すことは、現代の航空戦において極めて重要

　そこで何をいいたいのかというと、戦闘機単独ではなく、戦闘機を含めた「システムの集合体」（System of Systems）として目的を達成する、という考え方が求められるという話である。そして、そこでコンピュータとソフトウェアとその他の情報通信技術をどう活用するか、を考える必要がある。

正しいタイミングで正しい場所にいるために

　システムで考えなければならないという例を、もうひとつ。

　かつて「航空自衛隊F-4EJ改の後継機としてF-22ラプターが必要だ」と主張する人の中に、面白いことをいう人がいた。スーパークルーズ（アフターバーナーを使わないで超音速巡航ができる能力）ができなければ、スクランブルで上がったときに対象機のところまで行き着くのに時間がかかるから駄目だ、というのである。それをいうなら現行のF-15Jだって失格だ。

　正体不明機のところに差し向けた戦闘機が接触した時点で、すでに領空侵犯されてしまっていた、なんて事態が起きないように、領空

※20：防空識別圏
ADIZ、アディズと読む。領空の
外側に設定して、正体不明機が
接近してきた段階で探知・捕捉・
追尾して対処のための時間的
余裕を確保できるようにする空
域。これ自体は領空ではない。

※21：防空指揮管制システム
対領空侵犯措置を遂行する際
に使用するコンピュータ・システ
ム。レーダーからの探知情報など
を集約・表示する機能に加えて、
正体不明機が接近してきたとき
に戦闘機を差し向けるための誘
導も行う。戦時には、敵機を迎え
撃つために戦闘機を差し向けた
り、地対空ミサイル部隊に交戦
の指令を出したりする。

の外側に防空識別圏[20]（ADIZ：Air Defense Identification Zone）を設けている。そこまで含めてレーダーで見張り、「正体不明機による侵犯の可能性あり」と判断した時点でスクランブル機を上げている。

アラスカ方面のADIZ（防空識別圏）に入り込んできたロシア軍のTu-95爆撃機に対してスクランブル発進した、米空軍のF-22ラプター

　つまり、ADIZは識別のための時間的余裕を確保するためのものであり、それは領空より外にある。だから、ADIZに入って来ただけで「領空侵犯だ」といきり立つのは大間違いなのだ。

　それはそれとして、スクランブル発進した機体が、確実に正体不明機のところに行き着けるかどうか。これは、機体の巡航速度の問題ではなくて、防空指揮管制システム[21]の運用に関する問題、というのが事の本質だ。正体不明機が領空に入り込む前に要撃できるように、その外側にADIZを設けて早期に対処する態勢を作っているのだ。なのに、それをスーパークルーズの必要性につなげるのは筋が悪い。スクランブルに上げる適切なタイミングを判断するとともに、無駄に大回りしないで済むように誘導する仕組みを作るのが、本来あるべき解決策であるはずだ。

　そこでキモとなるのは、防空指揮管制システムの中で針路予測と脅威評価を受け持つロジックの部分、そして戦闘機に針路を指示する機能である。どちらも基本的にはソフトウェアの問題である。

　まず、探知目標ごとに針路・速力に基づいて未来位置を予測する。そして「侵犯の可能性あり」と判断したら、遅滞のないスクランブル機発進のタイミングを割り出す。そして、最適な接敵針路を割り出して、データリンクで戦闘機に送る。本当に必要なのはそういう機能であり、まさに情報通信技術の領分である。

次期戦闘機⑤ 身を護るための技術

前項は、戦闘機に求められる能力のうち「交戦」に関わる部分の例として、空対空戦闘に関わる話を取り上げた。そしてここでは、自らの身を護る手段がテーマ。我の戦闘機が任務を遂行しようとすれば、彼（敵軍）は当然ながら、それを排除しようとする。では、いかにして排除されないようにするか。

最大の脅威は対空ミサイル

戦闘機にとって最大の脅威といえば、各種の対空ミサイルである。空対空、地対空、艦対空の三種類に大別できるが、相手が同じ「飛びモノ」だから、基本的な動作シーケンスは似ている。

まず、レーダーなどのセンサーによって敵機の位置と針路と速度を知る。次に、その情報を基にして最適な発射タイミングを割り出すことになるし、戦闘機なら有利な発射位置を占位するように動く必要もある。そして発射した後は、ミサイルの誘導システムによって敵機を把握・追尾して命中させる。

その脅威を避けるためには、「探知を避ける」「誘導を妨げる」といった対処が必要になる。

探知を避ける手段としては、迷彩塗装（目視による発見を避ける）や、対レーダー・ステルス（レーダーによる探知・追尾を避ける）といったものがある。誘導を妨げる手段としては、贋目標を作り出すチャフ[22]やフレア[23]、レーダー誘導ミサイルを妨害する電子戦装置といったものがある。対応する周波数帯が合致していれば、電子戦装置はミサイル誘導レーダーのみならず、捜索レーダーの妨害もできる。

しかし脅威の種類は多種多様だし、置かれるであろう状況も多種多様。極端な話、赤外線誘導の空対空ミサイルが飛んできているのにチャフを撒いても役に立たない。敵の捜索レーダーや射撃管制レーダー、あるいはミサイルの誘導レーダーが使用しているのと違う周波数の妨害電波を出しても、妨害にならない。

だから、レーダー警報受信機（RWR）やESMによって「レーダー

※22：チャフ
樹脂薄膜にアルミをコーティングして、軽量かつレーダー電波をよく反射する物体に仕立てたもの。敵レーダーに対して「囮」を作り出す際に使用する。

※23：フレア
火炎弾。赤外線誘導ミサイルを撃たれたときに使用する囮で、自機よりも目立つ赤外線発信源を作り出して、ミサイルがそちらにおびき寄せられるよう期待する。

USAF

胴体下面の散布装置から、チャフ（砂のような細かい屑）とフレア（煙を出して燃える輝き）を放出してブレイクする米空軍のF-15E

で捜索・探知・追尾されていることを知る」にしても、ミサイル接近
警報装置によって「ミサイルの飛来を知る」にしても、「識別」という
要素が関わってくる。相手の正体を知らないと、適切な対処ができな
いからだ。その「脅威を探知・識別する」部分と「それに基づいて適
切な対処を行うための判断」の部分で、コンピュータとソフトウェアの
出番となる。

　たとえば、事前に収集してある電子情報（ELINT：Electronic In-
telligence）に基づいてレーダーの機種（＝そのレーダーを使ってい
る艦艇や航空機や防空システムの種類）を識別できれば、適切な対
処方法を選ぶ役に立つ。飛来するミサイルが赤外線誘導ミサイルだ
と分かったら、それに合わせた妨害手段としてフレアを撒くなどする。

　いまどきの戦闘機は、この機能を受け持つ電子戦管制システムの
部分に力が入っている。人間の判断力と操作にばかり頼ってはいら
れないのだ。コンピュータが自動的に適切な対処をしてくれれば、パ
イロットのワークロードが減る。負担が減った分の余裕（?）は、状況
認識や意思決定、機体の操縦に回せる。

　そこで当然ながら（?）、人工知能（AI）を活用してはどうか、という

発想も出てくる。実際、ドイツのヘンゾルト社が2020年の4月に、AIを活用した自衛用電子戦システム・Kalætron Attack（カラトロン・アタック）なるものを発表している。脅威を識別するところでAIを使っているのだという。

ただし、自動化した脅威識別を実現するには、収集した情報を解析するだけでは済まない。収集した情報を適切なデータ記述形式に落とし込んで、個々の戦闘機に遅滞なく最新データを配布・インストールするフローを確立する必要がある。いくら高性能・高機能の電子戦装置を積んでいても、それが参照するデータが古ければ役に立たない。

ちなみにF-35では、脅威情報をはじめとする各種データをMDF（Mission Data File）と呼んでいる。作戦を実施する場所や相手によって脅威は違ってくるから、それに合わせたMDFを記述・配布しなければならない。そのため、F-35を運用する各国において、MDFの作成を担当するラボ施設を整備するという話になっている。

■ 生存のためのステルスとスーパークルーズ

先に、「領空侵犯を防ぐにはスーパークルーズ（超音速巡航）が必要」という論はおかしい、という話を書いた。では、スーパークルーズは無駄な能力なのか。そうとは限らない。スーパークルーズと対レーダー・ステルスの合わせ技は、敵の防空網を突破する際に役に立つと期待できる。それはなぜか。

非ステルス機だと、敵防空網の脅威を避けるためにはレーダー探知を避ける必要がある。そのため、地面すれすれの低空を飛行する。地平線や水平線の影に隠れて探知可能距離が短くなる上に、地面や海面などからの乱反射（クラッター）が多いから、それも探知能力を下げる要因になる。そこにつけ込む訳だ。

ところが、低空飛行を続けると燃料を食うし、地面と意図せざる接触（いわゆる墜落）をしてしまうリスクも増える。だからこそ、F-15Eみたいに夜間でも手放し地形追随飛行[24]ができる機体が作られた。

さらに、高度を下げると敵防空網の覆域を飛ぶ時間が長くなるという問題がある。地上に配備した対空レーダーや地対空ミサイルの覆

※24：地形追随飛行
山や谷や樹木にぶつからないように高いところを飛ぶ代わりに、地形の凸凹に合わせて上昇・下降・旋回を繰り返しながら飛ぶ形態。ひとつミスをすると地面に突っ込んでしまうが、レーダー探知を避けるために、やむなく行うことがある。

域は、設置場所を中心とする半球である。低空を飛ぶと、その半球の中に留まる時間が増えてしまう。

ところがステルス機はレーダー探知のリスクを下げられるから、頑張って低空を飛ぶ必然性が薄れる、という考え方もできる。そこで高度を上げれば、対空レーダーや地対空ミサイルの覆域となる半球内に留まる時間が短くなる。スーパークルーズを使えば、半球内に留まる時間をもっと短くできる。つまり敵防空網の有効範囲内に留まる時間が短くなるので、突破が容易になるという理屈になる。

そういう話を抜きにして「スーパークルーズの可否」だけ競い合うと、非ステルス機なのに「この機体はスーパークルーズが可能です」とアピールするようなことが起きる。レーダーにでっかく映るのに、それが高度を上げて超音速で駆け抜けるっていうんですか、という疑問が出てしまう。

もっとも、超音速巡航には「空対空ミサイルを発射する際に、より大きな運動エネルギーを与えられる」という利点もあり、それは非ステルス機でも享受できるメリットである。ミサイルが大きな運動エネルギーを持つことは、回避不能領域の拡大、すなわちミサイルが当たる可能性の向上につながる。

だから「非ステルス機にスーパークルーズは不要な能力」というのも暴論である点には留意する必要がある。重要なのは、スーパークルーズという機能を用いて何を実現するか、どのようにして勝利につなげるか、という思想が明確になっていることだ。

次期戦闘機⑥ パッシブ探知の活用

次に、電子戦に関する話の続きとして、パッシブ探知の活用に焦点を当ててみたい。

▍方位以外の情報を得られないものか

すでに何度も書いていることだが、パッシブ探知では方位しか分からない。基本的には間違いではなくて、少なくとも発信側と受信側

の位置関係が固定的なものであれば、この原則は成立する。ところで海の中に目を向けてみると、潜水艦乗りはパッシブ・ソナーだけを使いながら、聴知した探知目標の的針・的速[25]（探知目標の針路と速力）を把握しようとして、いろいろ工夫をしている。

ある地点でのパッシブ・ソナー探知では、当然ながら方位しか分からない。そこで、継続的にパッシブ探知を試みる。すると、静的な方位ではなく方位変化率の数字が得られる。的針・的速が同じでも、探知目標が近ければ方位変化率は大きくなるし、探知目標が遠ければ方位変化率は小さくなる。つまり、方位変化率のデータが、探知目標までの距離を推測するための材料になっている。

また、自艦の位置を変えれば、同じ探知目標でも方位線の向きが変化する。これを加味することで、探知目標との相対的な位置関係を把握しようと試みるわけだ。ただし、自艦が移動している間に探知目標も移動しているから、計算はかなりややこしいことになるし、推測混じりの部分も出てきてしまうだろう。水測の話だけに。

余談をひとつ書くと、水上の艦船が潜水艦探知を避けようとして針路を変換する、いわゆる「之字運動」（ジグザグ航行）みたいなことをするのは、この相対的な位置関係の把握を困難にする狙いによる。漫然と同一針路・同一速力で航走している方が、敵潜にしてみれば動向を把握しやすいのだ。

ただ、洋上を走る艦艇はもともと、速力の範囲がそんなに広くない。商船なら20ノット（37km/h）ぐらいまでしか出さないフネが大半だし、軍艦でも常に最大速力で走っているわけではない。最大速力が25ノット（46km/h）とか30ノット（56km/h）とかいう艦でも、平素は原速[26]（12ノット、22km/h）ないしは強速[26]（15ノット、28km/h）ぐ

※25：的針・的速
探知目標の針路・速力のこと。レーダーやソナー、あるいは射撃指揮の分野で使用する用語。

※26：原速、強速
軍艦が航行する際の速度を示す用語。帝国海軍や海上自衛隊では「原速」は12ノットで、これが基本となる航行速度。これより遅いと「半速」9ノットや「微速」（6ノット）、速いと「強速」（15ノット）、「第○戦速」、「最大戦速」となる。戦速は第一戦速の18ノットを起点に3ノット刻みで上がり、上限は艦の最大速力によって異なる。さらにその上に、過負荷の「一杯」がある。

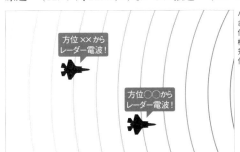

パッシブな手段で特定できるのは、電波や光の発信源がある方位だけ。目標の進行方向や速さを知るには、複数地点で受信する必要がある

方位××からレーダー電波！

方位○○からレーダー電波！

らいだろうか。（1ノット=1.852km/h）

　つまり、的針はともかく、的速の推定可能範囲は意外と狭いから、その範囲内での的速の「あたり」をつけることができる。それに、探知目標が近くなれば、聴知した音からスクリューの回転数を推測する手を使えると期待できる。的速のあたりをつけられれば、残る可変要素は的針だけとなる。

　では、航空機に搭載するレーダー警報受信機（RWR）やESMはどうか。航空機は常に移動しているのだから、逆探知した電波の発信源との相対的な位置関係はどんどん変化していく。しかも、艦艇と比べると速度が速いから、変化率も大きいはずだ。それを距離の推定に活用できないか？

自機の移動に伴う探知の変化

　シンプルでわかりやすい例を挙げて考えてみる。

　自機が水平直線飛行を行っていて、1時の方向（アナログ時計の文字盤に当てはめた相対方位）にミサイル誘導レーダーの電波を探知したとする。そのまま同一針路で水平直線飛行を続けていれば、そのミサイル誘導レーダーの探知方位は、2時の方向～3時の方向～4時の方向、と変化するはずだ。

　自機の針路・速度が同じで、相手が地上に固定設置されたものであれば、方位変化率は対象との距離にのみ左右される。対象が近ければ方位変化率は大きいし、対象が遠ければ方位変化率は小さい。自機の位置・針路・速力は航法システムを使えば分かるから、それに方位変化率の数字を加味すれば、探知目標との距離がどれぐらいなのかを計算することはできそうだ。

　また、相手が動かず、こちらが動いていれば、交差方位法も使える。つまり、A地点とB地点でそれぞれ、発信源の方位を調べて方位線を引けば、それらが交差するところが発信源の位置である。

　もちろん、ミサイル誘導レーダーの電波が飛んできているときに、漫然と水平直線飛行を行うパイロットはいないだろうから、実際の計算は、はるかに複雑なものになる。ただ、そのミサイル誘導レーダーが地上に固定設置されているものなら、相対位置の変化に影響する

のは自機の移動だけであり、まだしも可変要素は少ない。

　ところが、逆探知したミサイル誘導レーダーが移動していると、話はややこしくなる。それでも、艦載レーダーなら比較的、計算はしやすいと思われる。前述したように、艦艇の速度はそんなに速くはなく、航空機との速度差が大きいからだ。ところが、航空機搭載レーダーになると話は別。特にRWRを作動させるレーダーといえば射撃管制レーダーやミサイル誘導レーダーであり、それを載せる航空機は、速度が速く、機動性に優れる戦闘機である。

　たとえばの話、敵戦闘機が後ろから接近してきて射撃管制レーダーを作動させた場合、自機がどんなに高速で飛行していても、相対的な位置関係の変化はあまり発生しないのではないか。敵機が自機の「後ろを取り」に来ているからだ。相対的な位置関係の変化が少ないと、方位変化率は大したものにならないし、それでは距離の推定も難しくなる。

　これは、対進（ヘッドオン）、つまり自機と敵機が向き合って接近する場合も似たようなもの。互いに真正面ないしはそれに近い角度で向かい合って接近していれば、方位変化率は少なくなる。それでは「前方で敵機が射撃管制レーダーを作動させている」という以上のことは分からない。電波の強度が強くなるぐらいの変化はあるにしても。

大雑把なデータでも、ないよりはまし

　この方位変化率の問題に加えて、RWRやESMが探知目標の方位をどこまで精確に出せるかという問題もある。精度が低いと、微妙な変化は存在しないことになってしまうからだ。さらに、計算処理の能力、自機の機動がどれぐらい激しいか、という要素が関わってくる。

　だから、方位と方位変化率の情報を使って距離情報を常に得られます、と言いきるのは難しい。しかし、脅威が遠いか、近いか、ぐらいの情報が分かり、かつ（事前の電波情報収集によって）脅威の種類を識別できれば、方位しか分からないよりはマシである。「まずは近い脅威から逃れる方を優先する」といったことができるからだ。

　この手の処理を行うにはコンピュータとソフトウェアが不可欠であり、アナログ電気回路みたいなハードウェアだけで解決するのは無

理がある。ソフトウェア制御の時代だからこそ実現できる話、といえるかもしれない。

次期戦闘機⑦ 策源地攻撃とキルチェーン

　盛り上がったり沈静化したり、を繰り返している安全保障関連議論のひとつに「敵基地攻撃能力」または「反撃能力」などと呼ばれるものがある。「実際に攻撃されるまで、座して待っていては対処できない。先に敵国の基地を叩けば攻撃を防げる」という考え方にも理はあるのだが、ここでは政治的な話はおいておくとして。

▍口でいうほど簡単な仕事ではない

　一般に軍事施設というと「基地」と呼ばれることが多いので、「敵基地攻撃能力」という言葉が、もっとも人口に膾炙しているのではないかと思われる。しかし実際のところ、一般に想起される「基地」だけが対象とは限らない。それに、移動式のミサイル発射機が相手なら「基地」ではなくなる。

　こうしてみると、「敵基地攻撃能力」という言葉は正しいようでいて正しくない。そこで「策源地攻撃」という言葉も使われている。策源地とは、軍事作戦を発起する際の拠点となる場所（点ではなくて、ある程度の広がりを持つのが一般的か）と考えていただければ良いかと思う。その、「策源地攻撃」という考え方の是非を論じるのは本稿の主題ではないので触れないが、ここでは技術的観点から考えてみたい。

　これまでは事実上、空対空戦闘専任だった航空自衛隊のF-15J戦闘機に、対地攻撃能力を追加する動きがある。具体的にいうと、能力向上改修に併せて、空対地ミサイルAGM-158B JASSMの運用能力を追加しようという話になっている。実は、JASSMと、そこから派生した対艦ミサイルAGM-158C LRASM（Long Range Anti-Ship Missile）は同じロッキード・マーティンの製品で、先にJASSMが登場した。

Lockheed Martin

戦闘機からも発射できる
巡航対艦ミサイルAGM-
158C LRASM（ロラズ
ム）

　JASSMは、GPSと慣性航法システム（INS）で目標の近隣まで飛翔した後、最後は画像赤外線センサーで目標を捕捉して突入する。そのJASSMが持つ誘導制御機構を変更して、洋上を動き回る艦船と交戦できるようにしたのがLRASM、という関係になる。LRASMは終末誘導において、画像赤外線に加えてパッシブRF（Radio Frequency）、つまり電波を逆探知して発信源に突入する方式も使用する。

　JASSMやLRASMをそのまま使うか、それとも別の製品にするかはともかく、次世代戦闘機についてもスタンドオフ・ミサイル※27の運用能力が必要、という話は当然ながらある。当節、ターゲットの頭上まで行って自由落下爆弾を投下するのは危険すぎる。

　ただし、対地・対艦のどちらにしても、発射の際には目標に関する情報を与えてやる必要がある。恒久的に存在している陸上の固定施設であれば、事前に緯度・経度や対象物の外観を把握しておけるから、まだマシだ。これは、既知の空軍基地を叩くような場面が該当する。

　しかし、急に出現した建物や仮設構造物になると、話は違う。また、近年では弾道ミサイルや巡航ミサイルを車載化して、移動式発射機にする事例が増えている。そうなると相手は自由に動き回れるから、事前に偵察衛星か何かの情報に基づいて位置標定しておく訳にはいかない。これはLRASMの場合も同様だ。もともと洋上を動き回る艦船が相手だから、事前に目標の緯度・経度を把握しておくのは無理な相談である。

　すると、この手のスタンドオフ・ミサイルを使用するときには、ターゲティング（目標指示）が問題になる。長い槍だけ持っていてもダメで、その槍をどこに投げつければいいかが分かっていなければ、仕

事にならない。さらにいうと、長い槍を投げつけることでどういう効果を、どういう影響をもたらそうとしているのかを、ちゃんと考えておかなければならない。ミサイルのターゲットは攻撃任務の目標だが、それ自体が目的ではない。

目標にミサイルを撃ち込むには

　戦闘機が敵地まで乗り込んでいって、目標を自ら確認して爆弾やミサイルをお見舞いするのであれば、話はシンプルだ。その代わり、敵の防空システムや迎撃戦闘機によって多大な被害を生じることを覚悟しなければならない。

　それを避けるには長射程ミサイルを使い、いわゆるスタンドオフ攻撃を行う必要がある。その場合、目標に関する情報をどうやって把握するかが問題になる。ミサイルを搭載する戦闘機は目標のところまで行かないのだから、他の誰かに目標情報を提供してもらう必要がある。

　次世代戦闘機における策源地攻撃能力とは、単にスタンドオフ・ミサイルを積めるかどうかという話ではなくて、そのスタンドオフ・ミサイルに対するターゲティングを確実に行う機能も備えなければならないということである。

　このように書くと「偵察衛星を使えば?」といわれそうだ。しかし、決まった軌道上を周回している偵察衛星は、必ずしも、必要なときに必要なところ（例えば目標のはるか上空）にいてくれるとは限らない。日常的な情報収集の手段としては有用だが、突発的に対処するための情報収集ツールとしては使いづらい。相手が動き回っていれば尚

Toshiharu Suzusaki

大陸間弾道ミサイルRT-2PM2を搭載して走行する、発射台付き車両。移動する脅威を目標に捉えることは、長射程ミサイルを手に入れるよりも難しい

更だ。

　となると、撃ち落とされる覚悟で無人偵察機を飛ばしてはどうか、といった話になるかも知れない。撃ち落とされる前に目標を確認して情報を送ってきてくれれば、それで十分。

　ただし、状況はどんどん変化するから、送られてきた情報はその場で活用しないと役に立たない。すると、無人偵察機みたいな情報収集ツールと、スタンドオフ・ミサイルを搭載する戦闘機はダイレクトにデータ通信網による“会話”をして、鮮度が高い情報を受け取れるようにする必要がある。鮮度が低い情報では使えない。

　また、攻撃を担当する戦闘機が発進した後で、最新の目標情報や敵情を受け取る場面もあり得る。そして、策源地攻撃となれば敵国に近いところまで進出するわけだから、本国の基地からは見通し線の圏外に出てしまう可能性が高い。すると、見通し線圏外で利用できるデジタル・データリンク（おそらくは衛星経由）が必要になる。

　ミサイルを発射した後で状況が変わったときにどうするか、という問題もある。実はこれについては答えが出ていて、発射母機とミサイルを双方向データリンクで結ぶ。発射後、飛翔中のミサイルに対して目標再設定の指令を飛ばす実証試験を行った事例は、すでにある。

　では、双方向データリンクのうち、逆方向はどうか。ミサイルのシーカー[28]が捕捉した情報を発射母機に送り返して確認するとか、ミサイルが位置情報を発射母機に送ってきて戦術状況を更新するとかいった使い方が考えられる。発射母機のコックピットにあるディスプレイで、味方が撃ったミサイルがどこにいて、どちらに向かっているかを確認できれば、状況把握や目標再設定の役に立つ。

　この種の話は、すでに潜水艦の魚雷で日常的になっている。魚雷が後方に誘導線を曳きながら駛走して、その誘導線を通じて指令を受け取ったり、シーカー・ヘッドの探知情報を潜水艦に送ったりするのである。

　話を元に戻そう。こうした、探知から交戦に至る一連の流れと構成要素のことをキルチェーンという。もちろん、「目標を捜索・捕捉するツール」「スタンドオフ・ミサイル」「それを搭載するプラットフォーム」で構成するキルチェーンに、贋者が入り込んだり、贋情報をつかまされたりする事態は避けなければならない。誤り訂正、暗号化、通信

※28：シーカー
主としてミサイルで使用する用語で、「探知装置」のこと。電波、可視光線、赤外線といった探知相手の違いにより、構造や素材が変わる。

※29：数理モデル
何かの現象を、数学の言葉、たとえば方程式の形で記述するようにしたもの。

相手が本物かどうかを確認する認証といった機能は、データ通信の世界ではおなじみのものである。

すると、信頼性が高く耐妨害性に優れた、かつ伝送能力が大きい無線データリンクが求められる。「クラウド・シューティング」について書いた話の繰り返しみたいになってしまうが、策源地攻撃の場合、見通し線圏外（BLOS：Beyond Line-of-Sight）の通信も考えなければならないところが異なり、かつ、ハードルを高くしている。

次期戦闘機⑧ モデリングとシミュレーション

どんなウェポン・システムの分野にもいえることだが、研究開発・試験・評価（RDT&E：Research, Development, Test and Evaluation）に際して、コンピュータによるモデリングとシミュレーションを活用する場面が増えている。昔なら模型、あるいは実物を作って試していたものを、コンピュータ上で済ませてしまおうというわけだ。

検討段階でのモデリング＆シミュレーション

戦闘機に限らず、新しいウェポン・システムを生み出そうとする場面では、まず運用構想を策定したり、要求仕様の具体的な数字を決めたりといった作業が必要になる。この段階ですでに、モデリングやシミュレーションといった手法は関わってくる。

現実の問題を数理モデル※29に置き換えて検討を行い、意思決定を支援するオペレーションズ・リサーチ（OR）という手法があり、軍事分野では第二次世界大戦の頃から使われるようになってきた。イギリスでは、船団護衛や対潜戦、あるいは防空といった分野に応用例が見られる。アメリカ海軍では、戦力展開、訓練、補給整備、防空（特攻機への対処も含む）といった分野でORを活用したという。

では、こうした考え方を戦闘機の開発に応用すると、どうなるか。たとえば、彼我の戦力構成、長射程ミサイルによる遠距離交戦と短射程ミサイルによる近距離交戦の比較、地理的状況を考慮に入れた最適な戦力配備、といった分野で、モデリングを行い、さまざまなパラ

メータ※30を投入してシミュレーションを行う。それにより、最適解（またはベストな妥協点）を見つけ出せるかも知れない。

　戦力構成は所要機数に影響するし、戦力配備は航続性能の要求値を出す場面で影響する（交戦エリアが基地から遠ければ、航続距離が長くないと届かない）。遠距離交戦と近距離交戦の比較は、機体の飛行性能に関する要求や、兵装搭載に関する要求に影響する。

　これは「戦闘機による空対空戦闘」という特定場面が対象だが、もっと広い範囲、上位のレイヤーを対象とする使い方もある。つまり、「武力紛争において、こういう任務を達成して、こういう目的を実現するために、どんな戦力をどのように組み合わせて、どこをどのように叩くと所望の結果を得られるか」を、モデリングとシミュレーションを駆使して検討するというものだ。これがいわゆるミッション・エンジニアリングだが、戦闘機をテーマにした本書でそこまで取り上げると話が大きくなりすぎる。そこで、この話は割愛して話を先に進める。

　実のところ、数式化してモデリングしやすい分野はいいが、人間の心理が大きく関わる分野になると、忠実なモデリングやシミュレーションは難しくなると思われる。過去の実戦でも「敵の指揮官はこう反応するだろう、と思ったら大外れになった」という事例がいくつもありそうだ。

　しかし、「相手がどう出てくるか」の読みが難しいからこそ、「敵の予測可能行動」をいろいろ変えながらシミュレートすることの意味が出てくる。こうした、数値化・数式化が難しい分野を対象とするモデリングやシミュレーションについても、アメリカではいろいろ研究開発プログラムが走っている。

研究開発とモデリング＆シミュレーション

　実機の開発にかかった後で、モデリングやシミュレーションが関わってくる分野もまた、いろいろある。

　分かりやすいところだと、風洞試験※31がある。模型を造って風洞に入れて、実際に風を当ててテストする代わりに、形状に基づくコンピュータ・モデルを作る。その表面や周囲を流れる気流についても、やはりコンピュータ・モデルを作る。それらを用いて、計算処理によって

※30：パラメータ
変数、可変要素のこと。

※31：風洞試験
飛行機の設計で欠かせないプロセス。指示した風速の風を流せるようにしたトンネル（これが風洞、wind tunnel）に模型を設置して、空気の流れを調べたり、模型にかかる荷重を測定したりする。

127

検証する。いわゆる、数値流体力学（CFD：Computational Fluid Dynamics）に基づく解析である。

　機体そのものの設計だけでなく、兵装分離試験でも同様のプロセスが関わってくる。一般にはあまり知られていないかも知れないが、戦闘機が搭載するミサイルや爆弾を投下するプロセスは、RDT&Eの過程で入念に検証されており、そこで問題ないことを確認できた兵装しか搭載できない。もちろん、搭載する場所や数も同様である。なぜか。

　飛行中の機体から兵装を分離・投下するのだから、当然、空力的な問題が関わってくる。兵装が意図した通りに分離してくれなかったり、分離はしたけど気流に流されて機体に接触してしまったり、ということでは使えない。それをいきなり実機で試すのは物騒すぎる。搭載している状態でも、兵装がないときとは空気の流れが違ってくるから、それによって抵抗が増えたり、振動が発生したりする可能性がある。それは事前に検証しておかないと、最悪の場合には振動が止まらなくなって飛行機が空中分解する。

　ただし、風洞試験では縮小模型を使わざるを得ないから、再現性がいかほどかという問題は残る。CFDでも、ベースとなる数値モデルや計算式が適正かどうかという問題がついて回る。結局、最後は実機・実物による試験を行うことになる。とはいえ、そこに行き着くまでの検討段階でさまざまな案を試行錯誤するとか、リスクの検証・低減を図るとかいう場面では、風洞やCFDによる試験が欠かせない。

　したがって、モデリングやシミュレーションの能力を持っていないと、戦闘機の開発ひとつとっても余計な経費や時間や人手が求められ、かつリスクが増えることになる。こういった能力は、機体の開発より先に実現しておかなければならないもののひとつである。

F-35の機内兵器倉から誘導爆弾を投下する際の空力的な影響を、風洞試験で検証しているところ。上下を逆にした状態でテストしているところが気になるかも知れないが、後方からアームで支えた爆弾の模型が実際の弾道通りに動けば目的は達せられる

設計におけるモデリング&シミュレーション

　機内のスペースの取り合いを検討する場面でも、これまたコンピュータ・モデルが出てくる。もともと、スペースに余裕がたんまりある飛行機というのはあまり聞かないが、ステルス機では、機内のスペースの取り合いが、ますます厄介な問題となる。

　ステルス機では機体形状が先に決まってしまい、しかもそれは曲面や斜めの部分が多い、内部空間確保の見地からすると効率が悪そうな形だ。おまけに、機内兵器倉を設けなければならないので、それが大きな場所をとってしまう。だからといって、整備性を蔑ろにすることもできない。整備性が悪ければ整備に手間がかかり、可動率が低下してしまう。そのため、機内に設けた機器や配管・配線類へのアクセス、あるいはそれらの脱着がスムーズにできる設計が求められる。

　実際、フォートワースの工場で作りかけのF-35を見せてもらったときに、機内にさまざまなアイテムがぎっしり詰まっている様子を目の当たりにしている。これの内部空間における取り合いを設計するのは大変だっただろうなぁ、と思わされた。しかし一方で、重要な電子機器が収まっている区画へのアクセスに配慮している様子も見て取れた。いちいち踏み台を用意したり不自然な姿勢をとったりしなくても、地上に立った状態で自然にアクセスできることは、整備性の観点からすると重要だ。

　スペースの取り合いやアクセス性の検証、視界の検証などを行う場面では、伝統的に、木材で実大模型（モックアップ）を作る方法が用いられてきた。だが、それだと試行錯誤の手間が増えるし、普段は出番がない木工職人を見つけてこないと模型を作れない。モノがモノだけに、情報保全を考えるとホイホイと外注する訳にも行かない。

航空自衛隊の浜松広報館エアーパークに展示されている、F-2戦闘機の実大模型。片側だけあれば用が足りる（反対側は反転させれば済む）ので、主翼は左舷側にしかない

※32：三次元CAD
紙に図面を書く代わりにコンピュータ上で作図するのがＣＡＤ（Computer Aided Design、キャド）。それを三次元データとして作図できるようにしたのが三次元CAD。

※33：3Dエクスペリエンス
航空分野で広く用いられているCADソフトウェア「CATIA」（キャティア）で知られるダッソー・システムズが手掛けている。コンピュータ上で三次元モデルを扱いながら設計・作図を行えるようにした製品群。

※34：レーダーサイト
監視用レーダーを設置した施設のこと。主に対空監視の分野で用いる用語。

※35：JADGEシステム
「ジャッジシステム」という。航空自衛隊が使用している現役の防空指揮管制システム。

その点、三次元CAD※32を活用したモデリングの活用なら、コンピュータの中で話が完結するので具合がよい。なにも航空機に限らず、さまざまな業界で用いられているソリューションである。そうした場面で活躍しているのが、ダッソー・システムズの「3Dエクスペリエンス※33」製品群だ。

次期戦闘機⑨ コンセプトとアーキテクチャの重要性

ここまで、「次期戦闘機に関わりそうな機能・能力」について、それを実現するためのソフトウェアという観点を中心にして、いろいろ書いてきた。次は根本的なところで「そもそも次期戦闘機とは」という話を書いてみたい。

戦闘機はSystem of Systemsを構成するパーツのひとつ

これまで述べてきた機能・能力とは、要するにサブシステムである。さまざまなサブシステムが集まり、互いに連携することで、戦闘機というひとつのシステムができる。これはサブシステムの集合体だから、System of Systemsである。

ところが、その戦闘機も、「航空戦を行う組織」を構成するサブシステムのひとつである。普通、「航空戦を行う組織」のことを空軍というが、日本では航空自衛隊といっている。看板は違っていても、意味としては同じである。

戦闘機以外にも、レーダーサイト※34や早期警戒機といった探知手段、パトリオットのような地対空ミサイル、それらを指揮管制するJADGE※35（Japan Aerospace Defense Ground Environment）システムとそれを扱う管制官、そして人材を育成するための教育訓練、装備品や人を動かすための兵站支援。これらはすべて、「航空戦を行う組織」すなわち航空自衛隊を構成するサブシステムである。

そして、その「航空戦を行う組織」は、陸海空をはじめとするさまざまなドメイン（領域）をカバーする「国防のための組織」を構成するサブシステムのひとつである。

130

さすがに、System of Systems of Systems of... なんていい方はしないが、実際にはさまざまなサブシステムが階層を構成して互いに連動・連携しながら機能することで、初めて国防が成立している。ということは、どんなサブシステムを、どう組み立てて、どう機能させるか、というアーキテクチャが大事になるはずだ。

航空戦のコンセプトとアーキテクチャ

テーマが次期戦闘機だから航空戦の話をすると、「空の上ではどういった脅威が想定されるか」「それに対して、いかにして立ち向かい、勝利を収めるか、せめて負けずにしのぎきるか」ということを考えなければならない。

スポーツの試合とは話が違うから、「どういうルールで戦うのが、我にとってもっとも有利なのか」ということから考えなければならない。それがあって初めて、「どういう組織を構築して、何をどれだけ用意するか」が決まるし、そこで重要な位置を占めるサブシステムである戦闘機についても、「どういう機能・能力が必要か」が分かってくる。

その、コンセプト (＝どう戦うか)、そしてアーキテクチャ (＝どういう"戦うシステム"を構築するか)に関するグランドデザインを欠いた状態、あるいは不明瞭な状態で、「カタログ値で仮想敵機に勝てる機体を」と考えるだけでいいのだろうか?

どう戦うかが決まって初めて、どんな機能・能力が必要になるかが分かる。「こんな機能・能力があるから、それを使ってどう戦おうか」では本末転倒。ましてや、「他国でこんなことをやっているから、バスに乗り遅れるな。うちもやる」では、グランドデザインがお留守になりかねない。

寡を持って衆を制す……?

対空戦の場合、最終目標は「飛来する敵機を叩き落とすか、せめて追い払って、日本の上空で好き勝手にさせないこと」といえる。こちらの方が質的・数的優勢にあれば実現はしやすいが、第二次世界

大戦が終結してからこちら、あいにくとそんな状況になったことはない。

時代劇だと、善玉の方が数が少ないのに、腕にモノをいわせてチャンチャンバラバラ、最後には悪玉はみんな地面の上に倒れている、という終わり方がお約束。だが、現実の航空戦が、そんな簡単にいくものだろうか? 「寡をもって衆を制す」はキャッチフレーズとしては華々しいけれども、普通に真正面から渡り合っていたら、最後には押し負けてしまうのではないか? もっとこすっからく、陰険に、不意打ちでも何でもやって相手の裏をかく必要があるのではないか?

それであれば、それを実現するためにはどういう航空戦のありようが求められるのか、を考える必要がある。そして導き出した結論に対して、これまで述べてきたような各種のサブシステムあるいは要素技術を、どのように組み立てて、はめ込んでSystem of Systemsを構築するか。本当に真剣に考えなければならないのは、そこではないか。

システム開発の仕事に携わった経験がある方なら、最初のアーキテクチャ設計が大事だということはお分かりいただけると思う。アーキテクチャに問題があると、後で開発やインテグレーションに苦労したり、拡張性・発展性がなくて頭を抱えたりする。そういう話である。

個別の要素技術だけ取り上げて「こんなにいいものができました。仮想敵国のものよりも優れた数字が出ています。すごいでしょう」だけで、果たして戦の役に立つのか。筋論からいえば、実際に航空戦の最前線にいる人が音頭をとって「将来航空戦のビジョン」(注:将来戦闘機のビジョンではない)をとりまとめた上で、そこからブレイクダウンする形でアーキテクチャを策定して、技術開発を進めていかなければならない。

なのに、そのアーキテクチャを構成するサブシステムのひとつ(戦闘機のこと)にだけ焦点を当てるだけでいいのか。もちろん戦闘機の性能が良く、優れた能力を備えているに越したことはないが、その能力を発揮させるには、もっと上のレベルでのお膳立てが必要になるのではないか。

先に取り上げた策源地攻撃の話が典型例で、「長い槍」だけでは成立しない。ターゲティングのための「遠くを見る目」がなければ始まらない。そして何よりも、策源地攻撃能力を通じて何を実現するつ

もりなのかが問題になる。それらをどう組み合わせて、どう連携させて、何を達成するか。これはまさにアーキテクチャの問題である。

　プラットフォーム中心、ハードウェア指向の考え方から距離を置いて、航空戦のビジョンや、そのためのグランドデザイン、それを具現化するためのアーキテクチャということも考えてみるべきである。そこでは、「これまで○○を使っていたのだから、後継も同じカテゴリーのものを」という前動続行はひとまず御破算にして、ゼロベースで考えなければならない（結果として同じになったというのはありだが）。

次期戦闘機⑩ 試験・評価は大丈夫？

　先に、「どんな要素技術を作るか・使うかという話もさることながら、まず将来の航空戦の様態がどうあるべきかというコンセプトや、そこで戦うためのアーキテクチャ作りが必要」という話を書いた。その話にはまだ続きがある。

試験・評価を忘れちゃいませんか

　戦闘機に限ったことではないが、「技術的に実現可能なのか」「製造できるのか」といった話について語る人は多い。そして、ネット上で口角泡を飛ばし合っている場面もちょいちょい目にする。しかし、である。

　どんな工業製品でも、いや、工業製品に限ったことではないが、モノを作ったらそれで終わりではない。計画通り、設計通りの機能・性能を発揮できるかどうかを確認しなければならないし、それを実際に運用する環境に放り込んでみて、ちゃんと使えるかどうかも検証しなければならない。

　F-35Aの初号機がロールアウトしたのは2008年12月19日のことだが、SDD（System Development and Demonstration、システム開発・実証）フェーズの飛行試験がすべて完了したのは2018年4月12日だった。つまり10年近い月日を費やしている。10年というと長い月日で、生まれた子供が小学校4年生に上がるぐらい長いスパ

ンだが、そんなに時間がかかったのは、なぜか。

　それは、テストすべき項目が膨大で、それをひとつひとつ消化する
にはべらぼうな時間を要したからだ。途中で、大きなトラブルが生じ
て試験が足踏みすることもあっただろうが、それがなかったとしても、
劇的に時間短縮を図れたかというと疑問がある。

　その試験も、いろいろな種類がある。最初は「航空機としての試験」
であり、問題なく飛べるかどうか、そこで所定の性能が出ているかど
うかの確認が主なものになる。

　それをクリアすると次に、ミッション・システムの試験が始まる。各
種のセンサー機器が能書き通りに動作して、所定の性能を発揮でき
ているかどうか。それぞれ単品の試験だけでなく、組み合わせた場
合の試験も行わなければならない。なにしろF-35の売りのひとつに
は「センサー融合」機能があるのだから。

　これらはいずれも「開発試験」に属する分野の話だが、開発試験
が完了しても、まだ終わりではない。その後には、実戦的な環境や運
用シナリオに放り込んでみて、ちゃんと使えるかどうかを確認する運
用評価試験(IOT&E：Initial Operational Test and Evaluation)
が待っている。

英空母「クイーン・エリザ
ベス」艦上における、
F-35Bのスキージャンプ
発艦試験。同艦で艦上
運用試験を実施したとき
には、緊急時にしか行わ
ない「逆向き着艦」(艦
首から艦尾方向に向け
て進入する)もテストした

┃大変だが大事なのはテストケースを作ること

　実際に何かを作って、テストした経験がある方ならお分かりかと思
うが、テストの際に何が大変かというと、テストケースを作ることであ
る。つまり、「こういうシナリオの下で、こういう条件を与えてテストす
れば、問題ないことを確認できる」という、そのシナリオや条件を定め

る作業だ。

　実際にどんな環境の下で、どんな使われ方をするかが分かっていなければ、テストケースは作れないのは当然である。まず、使われ方が分からなければシナリオを書けない。そして、それがどういう環境下で行われるかが分からなければ、条件値の項目や、その範囲を定めることもできない。

　テストケースの設定に問題があると、テストを終えたブツを実戦部隊に配備した後で、不具合の報告が上がってくることになる。実際にそういういわれ方をするかどうかはともかく、実戦配備後の不具合報告は「テストを十分に、適切にやっていなかったじゃないか」という無言の叱責だ。

　だから、そこでも「運用コンセプトやアーキテクチャを定めること」の重要性が効いてくる。なぜなら、それらが「どんな環境の下で、どんな使われ方をするか」を規定するからだ。

　逆に、「想定しているライバル機よりも性能のいい機体を」ぐらいの了見で開発を始めてしまったら、テストケースを定めるためのベースラインが実質的に存在せず、せいぜい既知のシナリオでやるしかなくなる。それでは、開発試験でも運用評価試験の段階でも、途方に暮れたり、不十分な試験で終わったりという事態になりかねない。

　自動車やタイヤのメーカーは、いろいろな環境条件、いろいろな路面条件でのテストを行っているが、その中には「日本国内のことだけ考えていると、想像もつかないこと」も含まれている。分かりやすい例を挙げると、石畳の道は日本だと極めて少ないが、ヨーロッパに行けばたくさんある。

　戦闘機も同じだ。決まり切った、通り一遍の運用環境やシナリオだ

飛ばすだけがテストではない。低温あるいは高温環境下で、機体が問題なく機能するかどうかを検証するプロセスもある。写真は、F-35Bの実機を試験用のチェンバーに入れて低温環境試験を行っている様子

け考えてテストケースを書くと、往々にして、そこで「漏れ」が生じてしまう。「漏れ」を生じないようにするためには、運用環境や運用シナリオに関する、多種多様な経験・知見を持っている必要があるし、さらに将来予察も求められる。

ことにソフトウェアが絡むと、テストケースの設定は難しくなる。「まさかこんなことが、という操作をしたらバグが出た」「特定の条件が複数セットになった場合に限ってバグが出た」なんていう経験をお持ちの方は少なくないだろう。それが、国の存亡がかかっている交戦の場でいきなり現出したら大惨事だ。

試験で不具合が出るのは当たり前

F-35の開発試験や運用評価試験に時間がかかるのも当然のこと。過去の運用経験（＝実戦経験）の蓄積、世界のさまざまな場所で戦闘機を飛ばしてきた経験、そういったものを反映させて膨大なテストケースを作っているはずで、それをひとつひとつ検証していくのだから、それは確かに時間がかかるはずである。

そして当然ながら、さまざまな厳しい条件下で"いじめる"ことで、不具合がいぶり出される。しかし、実戦配備と実運用を始めてから不具合が露見するよりも、その前のテストの段階で不具合が露見する方が、はるかにいい。テストの段階で何も問題が出ないことは、決して自慢にならない。叩いて叩いて叩きまくって、不具合を見つけ出して、つぶすのがテストなのだから。

そのテストがちゃんとできるのか、次世代戦闘機をテストするための有用なテストケースを揃えるに足る、経験・知見の蓄積は大丈夫なのか。そういう観点から論陣を張っている人は、滅多に見かけないのが実情ではないだろうか。

JMSDF

第5部
艦艇とステルス技術

ここまでは基本的に「航空機のステルス」という観点から話を展開してきた。
その中でも、もっとも身近な機体がF‐35だから、
結果としてF‐35関連の話が多くなった。
ところで、航空機以外にステルス化が顕著な分野としては艦艇が挙げられる。
そこで締めくくりとして、艦艇のステルス化と、
実際に造られたステルス艦に関する話題を取り上げてみたい。

艦艇のステルス化と統合マスト

　同じ「ステルス化」といっても、艦艇と航空機では目的に違いがある。また、国防をめぐる立場や状況、国の護りに関する考え方や構想にも違いがあるので、ステルス設計を実現する際の考え方に違いができる。

▌艦艇のステルス化は航空機と事情が異なる

　先に書いたことの繰り返しになるが、航空機のステルス化は、「レーダーによる被探知を妨げる」、つまり「敵の状況認識を妨げる」という狙いが大きい。もちろん、レーダー誘導ミサイルが当たりにくくなるようにという考えもあるが。

　それに対して艦艇のステルス化は、「対艦ミサイルが当たりにくくなるように」と、より対象が絞り込まれている。もちろん、その前段階としてレーダー探知を避けることができればそれに越したことはないが、艦艇の場合、航空機ほど徹底したステルス化は難しい。それは、単にガタイが大きいというだけの話ではなく、「フネとして、あるいは軍艦として機能するために必要な付属品が多い」という事情も影響している。

　レーダーをはじめとするセンサー機器のアンテナなどが各所に突出しているほか、信号旗を掲げるための旗甲板や索、法規で設置するよう求められている灯火類、非常時に必要となる救命筏や搭載艇、岸壁に横付けしたときの乗り降りに使う舷梯、錨泊するときに不可欠な錨、舫い綱の固定や繰り出しに必要な繋留機材など、挙げ始めればきりがない。

　もちろん、最近の軍艦では搭載艇や舷梯を上部構造に設けた凹み（レセスという）に取り込んで、外から蓋をするようにしている事例が多い。蓋を閉めたときには真っ平らになるので、レーダー電波の乱反射は抑えられる。

　さらに徹底すると、錨までレセスに納めて蓋をしたり、繋留機材を上甲板ではなく一層下の甲板に納めて露出させないようにしたり、と

いった工夫をすることもある。ただ、そうした工夫は運用面の面倒くさ
さと表裏一体のところがある。

　なお、艦艇においてステルス設計が一般化した背景には、もうひ
とつの理由があるといえる。それは「商売上の理由」。対外輸出を考
えた場合、ライバル製品が「レーダーに映りにくそうな外見」をしてい
るところに「レーダーに映りやすそうな外見」をした艦を売り込むのは
不利である。実際にRCSがいかほどなのかという問題もさることなが
ら、イメージの問題は無視できない。

▍横方向から飛来する対艦ミサイルが主敵

　対艦ミサイルの多くはシースキマーといって、海面スレスレの低空
を飛んでくる。これは、敵艦のレーダーで探知されるタイミングをでき
るだけ遅らせて、さらに海面からの乱反射に紛れ込む狙いがあるか
らだ。そして、終末誘導段階でレーダーを作動させて、敵艦を捕捉し
たらそこに向けて突っ込む。

　ということは、対艦ミサイルが発する目標捕捉レーダーの電波を艦
艇の側から見ると、ほぼ真横から飛んでくると考えてよい。飛翔高度
が低いので、そうなる。ということは、側面から飛来するレーダー電波
を逸らして、元の位置に返らないようにすれば、対艦ミサイルの目標
捕捉レーダーによる探知を困難にできると期待できる。

　海上自衛隊が近年になって建造した護衛艦、たとえば「あさひ」型
や「もがみ」型の写真を見ていただくとお分かりの通り、上甲板あた
りを境にして、側面の断面型が「く」の字になっている。すると、真横
から来た電波は上方、あるいは下方に逸らされる。これらの艦に限ら

手前から、海上自衛隊の
あさひ型護衛艦「しらぬい」
（2019年2月就役）、たか
なみ型護衛艦「まきなみ」
（2004年3月就役）。新し
い艦艇ほど対艦ミサイル
対策としての「く」の字の
断面形がよく見て取れる

JMSDF

Koji Ingue

はやぶさ型ミサイル艇「くまたか」と、その上甲板に設けてある転落防止用の索を掛けるための柱。見ての通りに菱形断面で、側方から飛んできた電波は左右に散乱させられる

※1：ウォータージェット推進装置
スクリュープロペラを回す代わりに、水を後方に噴射して、その反作用で船を推進する装置。主として高速で走る船で使われる。

※2：支筒
船の甲板に砲塔を載せるときに、その砲塔を組み込む筒のこと。円筒形の筒に砲塔を載せることで旋回が可能になる。

ず、いまどきの軍艦はみんな、似たようなデザインになっている。

　海上自衛隊の「はやぶさ」型ミサイル艇だと、上甲板の上部構造側面に手摺が付いているが、その手摺が円形断面ではなく、「◆」型断面になっている。これも考え方は同じで、側面から来た電波を逸らす狙いによる。手摺だけでなく、艦尾に設けられたウォータージェット推進装置※1を保護するためのガードも同様に、「◆」断面の棒材で作られている。また、艇首にある76mm砲の砲塔基部は周囲を板で囲んで、支筒※2を周囲から補強する部材の凸凹が露出しないようになっている。

　ただし、対艦ミサイルの中には赤外線誘導のものもあるので、そちらへの対策も必要だ。最大の赤外線発信源は機関の排気が出てくる煙突だから、周囲の冷気と混ぜて温度を下げるような工夫が一般的になっている。

アンテナはどうする?

　船体や上部構造はそれでなんとかするとして、問題はレーダーや通信機器などのアンテナだ。

　レーダーといってもひとつではなくて、対空捜索レーダー、対水上レーダー、航海用レーダーと、少なくとも3基は必要になる。さらに、通信用のアンテナも多種多様。近距離用のVHF/UHF、遠距離用のHF、衛星通信といった具合に複数ある。そして軍艦だと、対艦ミサイルから身を護るための電子戦機材も不可欠で、これも傍受用のESMと妨害用のECMが別々にある。そういった多数のアンテナ群が別々に突出して、しかも互いに電波干渉が起こらないように配置するのは

面倒な仕事である。

　この分野では最近、「統合マスト」という考え方が出てきた。つまり、マストにプラットフォームを設けて個別にアンテナを載せるのではなく、四角錐の構造物の表面に平面型のアンテナを並べるという考え方である。するとアンテナのところに若干の凸凹は発生するが、基本的にはノッペラボーとなる。

　それを徹底したのが、米海軍の駆逐艦「ズムウォルト」（ＤＤＧ-1000）だ。2022年9月22日に横須賀に来航して全国の艦艇好きを興奮のるつぼに叩き込んだ艦だが、こんな外見の持ち主である。

　ズムウォルトは上部構造のステルス化をトコトンまで突き詰めており、上部構造物と統合マストを一体化してノッペラボーの外見になってしまった。上部構造物の表面を見ると、平面アンテナらしき輪郭線がところどころに見える。

　そこまで徹底させるのではなく、マスト部分だけ平面アンテナを並べた統合マストにしている事例もある。そうした一例として、フランスのタレス社が手掛けている「i-Mast」がある。この製品では、サイズや内容が異なる複数のモデルがある。

横須賀基地の12号バースに接岸した、米海軍の新型駆逐艦「ズムウォルト」。のっぺりした上部構造の表面に、レーダー、電子戦、通信などのアンテナが埋め込まれている

　また、海上自衛隊の護衛艦「もがみ」型も、塔状構造物の表面にレーダーなどの平面アンテナを埋め込んでいる。また、その上部には複数のアンテナを積み上げてエンクロージャで覆ったNORA-50という統合マストを載せている。

米ズムウォルト級における頓挫の研究

　その「ズムウォルト」が横須賀基地にやって来たのと前後して、インディペンデンス級沿海域戦闘艦（LCS：Littoral Combat Ship）の「オークランド」（LCS-24）までやってきた。いずれも米海軍が巨費を投じて開発・建造したステルス艦である。

ステルス艦だから失敗した？

　この両艦をめぐるSNS上での投稿を見ていて、気になった点がある。いずれもラジカルといっていいほどの「対レーダー・ステルス設計」だ。ところが、これからアメリカで登場する新型艦、すなわちコンステレーション級フリゲートにしろ、構想中の新型駆逐艦DDG（X）にしろ、リリースされているポンチ絵はズムウォルト級やLCSよりも穏当というか、「普通の軍艦」っぽい外見をしている。

　また、ズムウォルト級は3隻で建造打ち切り、LCSも52隻のハズが35隻程度で建造を打ち切る方針が決まっている。そこで「ステルス艦は失敗だったんじゃないか」「これほどステルス性を追求する必要はなかったんじゃないか」といった按配の論調がゾロゾロ出

Koji Inoue

「もがみ」型の上部構造。塔状構造物の表面に組み込まれた大小の四角いブツのうち、大きい方がOPY-2レーダーのもの。上に載っている棒状の物体が「NORA-50」

てきた。しかし、それはちょっと表面的な見方に過ぎるのではないか。

実のところ、ズムウォルト級にしろLCSにしろ、技術的チャレンジやプロジェクトの進め方の問題に「背景事情と作戦構想の変化」が加わり、振り回された部分が大きい。そうなれば、これは将来に同じ轍を踏まないようにするための、ひとつのケーススタディになり得るのではないかと思う。

フロム・ザ・シー

さて、ズムウォルト級にしろLCSにしろ、冷戦崩壊後に米海軍が持ち出した標語「フロム・ザ・シー[※3]」の申し子という一面がある。背景には「ソ連の解体と冷戦構造の崩壊により、もはや第三次世界大戦のような事態は起こらないのではないか」と考えられた一方で、地域紛争や不正規戦のリスクが増大していた事情がある。

そうした中で米海軍は、組織の生き残りをかけて「海から陸への戦力投射」を前面に押し出すようになった。実際に上陸するのは海兵隊だが、それを運び、支援するのは海軍だ。そして、両用戦[※4]を展開する際には着上陸の邪魔をする敵軍を排除するために、火力支援が欠かせない。そこでズムウォルト級は「対地攻撃火力を重視した水上戦闘艦」としてまとめられた。

敵地に近付いて火力支援を行う場面では、反撃を受ける可能性も考慮しなければならないから、ステルス化して生残性を高める。従来の艦における課題を解決するため、船体・機関・戦闘システムのすべてについて最新技術を取り入れる。人件費を抑制するため、自動化・省人化も図る。

※3：フロム・ザ・シー
米海軍が1990年代に打ち出したキャッチフレーズで、海から陸地に戦力を投入して紛争やテロに対処しようとの考え方。

※4：両用戦
正式には水陸両用戦。海から陸地への上陸作戦を指す業界用語。

US Navy

FFG（X）ことコンステレーション級の完成予想図。見た目は比較的穏当なものだ。そもそもこのクラス、伊海軍のカルロ・ベルガミーニ級がベースである

※5：波浪貫通タンブルホーム
波を乗り越える一般的な船形と異なり、波を切り裂き、ストレートに突っ切るのが波浪貫通型。さらに船体断面を上すぼまりの台形としたのが波浪貫通タンブルホーム型。

ステルス設計を徹底した結果として、波浪貫通タンブルホーム※5という独特の船形ができた。主機は統合電気推進として「推進用」「発電用」の区別を取り払い、大電力を状況に合わせて適宜、航走と戦闘システムに按分する。火力投射のため、新たに155mmの新形艦載砲も開発した。

システム面では、TSCE（Total Ship Computing Environment）を構築した。これは、個別の用途ごとにバラバラにコンピュータ・システムを構築する代わりに、戦闘も艦制御もカバーする統合的なシステムとしたものだ。また、省人化のためにダメージ・コントロールの自動化も推進した。ミサイル発射機は舷側の内側にズラリと並べる形として、防御手段を兼ねることになった。

┃外側も中身もチャレンジング案件

結果としてズムウォルト級は、ドンガラ（船体・機関）とアンコ（戦闘システム）の両方でチャレンジングな新規開発要素がてんこ盛りとなった。

そして、統合電気推進システムも、2種類のフェーズド・アレイ・レーダー（捜索レーダーと、射撃指揮などの多機能レーダー）を組み合わせた対空レーダーも、開発に難航した。結果としてスケジュールは遅れ、コストは上昇した。おまけに、155mm砲で撃つはずだった誘導砲弾は開発に難航した挙句に計画が打ち切られ、撃つ弾がなくなった。こうした事情から、ズムウォルト級の建造計画には大ナタが振るわれる結果となった。

そうこうしている間に、外からは「小規模な地域紛争や不正規戦か

「ズムウォルト」の前甲板。前後に2つある「謎の箱」が155mm砲AGS（Advanced Gun System）。すぼまった前半分が砲身を収容する箱で、後ろ半分が砲塔を覆う箱。砲身を持ち上げると、箱の上面の蓋が開いて現れる

ら、大国の正規軍同士がぶつかり合う戦闘様態への回帰」という大波が来た。それを引き起こした大きな原因は中国にあるが、近年のロシアの動向も、もちろん影響している。

そこで、ズムウォルト級に極超音速ミサイル[6]を搭載する話が進んでいる。その際に、撃つ弾がなくなった155mm砲のうち片方を降ろして、代わりに極超音速ミサイル用の発射機・LMVLS(Large Missile Vertical Launch System)を搭載すると伝えられている。

※6：極超音速ミサイル
飛翔速度がマッハ5を超える、かつ弾道飛行を行わないミサイルの総称。

ドンガラとアンコを交互に新しくする

過去50年ぐらいのスパンで米海軍の水上艦を見ると、ドンガラとアンコの両方で、こんな新規案件てんこ盛りにした事例は滅多にない。

タイコンデロガ級巡洋艦は初のイージス艦だが、船体はスプルーアンス級駆逐艦の流用だった。アーレイ・バーク級駆逐艦の船体は新規設計だが、戦闘システムは実績があるイージス戦闘システムだ。しかもイージス戦闘システムは、ニュージャージー州ムーアズタウンの陸上試験施設・CSEDS(Combat Systems Engineering Development Site)で継続的に、試験と熟成を重ねている。

ところがそれに対して、ズムウォルト級は新規開発案件だらけ。船

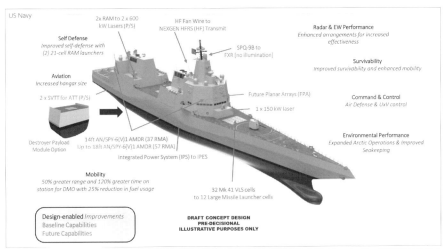

アメリカ海軍の新型ミサイル駆逐艦DDG(X)の想像図。ただし実艦がこの形のままで出てくるかどうかは分からない。たいてい、計画段階でのポンチ絵と現物は違ってくるものだ

※7：DDG（X）
米海軍が計画している新形水上
戦闘艦の計画名称。

形は縮小サイズの試験船を作ってテストしたものの、戦闘システムについては、陸上での試験・熟成が不足した状態で実艦に載せて、ぶっつけ本番になったとの指摘がある。

その反省から、新型ミサイル駆逐艦DDG（X）※7では船体・機関を新規開発とする一方で、戦闘システムは基本的にアーレイ・バーク級駆逐艦フライトⅢのキャリーオーバーとしてリスクを低減する。それが順調にいったら、次は戦闘システムに新技術を取り入れていく。

コンステレーション級フリゲートは、LCSの数が減った分を低コスト・低リスクで迅速に補うために既存艦の設計をベースとしたから、保守的な形になった。しかも、こちらも戦闘システムはイージスであり、レーダーもジェラルド R.フォード級空母の2番艦以降と同じAN/SPY-6（V）3を使う。新規開発要素は少ない。

単に「当初の目論見通りにいかなかった」という結果や外見の違いだけではなく、「何がどうしたから頓挫したのか」「それが次にどう影響したのか」まで見なければ、教訓を汲み取ることはできない。民間企業における各種プロジェクトにも共通する話ではないか。

米沿海域戦闘艦はなぜ頓挫したか

次に、沿海域戦闘艦（LCS）。これもまた、周囲の状況の変化に振り回された部分がある艦だ。単に「炎上したから頓挫した」とかいう野次馬根性で見るのは適切ではない。

インディペンデンス級LCSの2番艦「コロナド」（LCS-4）。インディペンデンス級はトリマラン（三胴船）で、写真下左のように、船体の下部は太めのセンターハルと細身のサイドハルに分かれる。センターハルの水線下にウォータージェットが4基並び、開いているハッチの中には搭載艇が収まる。右上は「コロナド」のヘリ格納庫と、そこに収まるMQ-8Bファイアスカウト無人偵察ヘリ。ヘリ発着甲板の幅を広く取れるのは、トリマランの利点

ストリート・ファイター

　実のところ、LCSも「フロム・ザ・シー」の申し子のようなところがある。地域紛争や不正規戦がメインという想定状況下で、敵地に近い沿岸海域まで乗り込んで行って暴れ回る「ストリート・ファイター」という構想が出て、それを具現化した艦だ。そういう想定状況だから、外洋で敵艦隊と真正面から対決して雌雄を決する、という種類の使い方はあまり重視していない。小型のコルベットやミサイル艇、場合によっては自爆ボートといった類の脅威が対象となろうか。

　ただし、単艦で任務に就くのではなく、あくまでネットワーク化された戦闘の一員という位置付けである。だから、個艦で重武装を備えるとは限らず、場合によっては外洋にいる大型の水上戦闘艦、あるいは空母の搭載機などから支援を受ける想定もあると思われる。実際、現物を見るとマストにはリンク16データリンクの空中線がついている。

　そして「沿岸海域で暴れ回る」用途からすれば、被探知性を高めて生残性を向上させるために対レーダー・ステルスへの配慮が欲しいし、45ノット（83km/h !!）という最大速力も要求された。それを実現するため、高出力の機関とウォータージェット推進器、アルミ合金を使って軽量化した船体が用意された。

　そして、フィンカンティエーリ・マリネット・マリーン社が建造するモノハル型（単胴型）のフリーダム級と、オーススタルUSAが建造するトリマラン型（三胴型）のインディペンデンス級の2種類を、同時並行建造することになった。ドンガラは2種類あり、それぞれ異なる指揮管制装置を備えるが、後述するミッション・パッケージは共通化する—そういう構想になった。

ミッション・パッケージ

　そしてLCSの特徴に、ミッション・パッケージがある。これは、対機雷戦（MCM：Mine Countermeasures）、対水上戦（ASuW：Anti Surface Warfare）、対潜戦（ASW：Anti Submarine Warfare）のいずれにも対応可能としつつ、艦型をコンパクトにまとめるための方策で、要は「用途に応じて兵装を積み替える」というもの。それを実

※8：FCS
冷戦崩壊後に米陸軍が大風呂敷を広げた、小型軽量で空輸展開が可能な各種戦闘車両、無人機、無人センサーなどをネットワーク化する総合戦闘システムの構想。

現するため、個々のパッケージは規格化されたコンテナやモジュールにまとめる。

この手の「積み替え方式」には、ヘリコプターではCH-54タルヘ、艦艇ではデンマーク海軍のフリーヴェフィスケン級哨戒艇といった先例がある。ところがたいていの場合、掛け声倒れに終わっている。個々の艦や機体ごとに複数のパッケージを用意すると、使わずに遊ぶパッケージが出てしまうから経費の無駄になりかねない。すると、特定の艦ごとに任務を決めて、それに合わせたパッケージを積むのが現実的となる（LCSも結局そうなった）。

それではパッケージ方式は意味がないといわれそうだが、艤装設計を共通化できる利点があるとはいえる。ただし、異なる用途の異なる機材を同じ規格の入れ物に押し込めることになるので、それが設計上の制約になる可能性はある。

このミッション・パッケージの開発に難航しているのはLCSにおける誤算のひとつだが、そのせいで「ミッション・パッケージ方式だから開発に難航した」という人もいる。しかし本当にそうなのかどうかは、開発の経緯をきちんと検証しなければ断言できない。同じ中身でもミッション・パッケージ方式にしなければうまくいった、といえるのかどうかが問題だ。

LCSの不幸として、米陸軍のFCS（Future Combat System）[※8]計画向け地対地ミサイルをASuWパッケージに転用しようとした件がある。大風呂敷を広げたFCS計画が大コケして、ミサイルも道連れになって消えてしまったからで、これはLCS計画側の責任ではない。

また、フリーダム級では主機でトラブルが発生して、対処に追われた。そしてとどめは、ズムウォルト級の項でも書いたように、不正規戦から正規軍同士への交戦へと揺り戻しが発生したこと。この辺は、当初の運用構想に起因して、とんがりすぎた設計にしたことが裏目に出ている。

そんなこんなの経緯により、LCSの建造隻数は縮小された。造ってしまった艦については一部を早期退役させる一方、ASuW任務を割り当てた艦にはステルス設計の艦対艦ミサイル・RGM-184A NSM（Nytt Sjønomålsmissil / Naval Strike Missile）を載せる。隠密性の高い打撃力を隠密性が高い艦に載せて、敵地に突っ込ませて打

撃力を発揮させる用途なら、ステルス性とネットワークが活きてくる。

　つまり、LCSもまた「技術的新規チャレンジのてんこ盛り」と「周辺状況の変化」に振り回された艦といえる。成功か失敗かと問われれば失敗に分類されるのは致し方ないが、その失敗の理由はちゃんと見ないといけない。つい「他者の失敗という結果だけを見て、それを腐して喜んでしまう」のはマニアの悪いクセだが。

Koji Inoue

US Navy

横須賀に来航したインディペンデンス級LCS「オークランド」。艦橋の前方に斜めに置かれた箱が、艦対艦ミサイルNSMの発射機。写真下は同じインディペンデンス級LCSの「ガブリエル・ギフォーズ」がNSM発射した瞬間

※1｜本索引は、本文、注釈、コラム及び図表に使用されている用語を対象として作成しています。
※2｜数字は、その用語の出ているページです。

F-35とステルス
わかりやすい防衛テクノロジー

2023年4月15日　初版発行

●著者	井上孝司
●カバー絵	竹野陽香（Art Studio 陽香）
●装丁・本文デザイン	橋岡俊平（WINFANWORKS）
●編集	ミリタリー企画編集部
●発行人	山手章弘
●発行所	イカロス出版株式会社

〒101-0051 東京都千代田区神田神保町1-105
https://www.ikaros.jp/

出版営業部
sales@ikaros.co.jp
FAX 03-6837-4671

編集部
mil_k@ikaros.co.jp
FAX 03-6837-4674

●印刷・製本　日経印刷株式会社

©IKAROS Publications Ltd.
Printed in Japan